乡村振兴

规划编制方法与技术

——实施导向下的村庄规划研究

Compilation Method and Technology of
Rural Revitalization Planning
——Research on Village Planning
under the Guidance of Implementation

U0250606

魏书威　卢君君　王　辉　陈恺悦　陆小钢　等 著

中国建筑工业出版社

前　言

实施乡村振兴战略，是党的十九大作出的重大决策部署，是决胜全面建成小康社会、全面建设社会主义现代化国家的重大历史任务，也是新时代做好"三农"工作的总抓手。2018 年中央一号文件明确了实施乡村振兴战略"三步走"的时间表，着力推进乡村振兴的规划建设工作，清除阻碍要素下乡的各种障碍，促进乡村建设的升级提速。2022 年中央一号文件明晰了全面推进乡村振兴战略的重点工作和实施方向，指出牢牢守住保障国家粮食安全和不发生规模性返贫两条底线，扎实有序做好乡村发展、乡村建设、乡村治理重点工作，推动乡村振兴取得新进展、农业农村现代化迈出新步伐。

《中共中央　国务院关于坚持农业农村优先发展做好"三农"工作的若干意见》指出，实施乡村振兴战略要按照先规划后建设的原则，编制"多规合一"的实用性村庄规划，通盘考虑土地利用、产业发展、居民点布局、人居环境整治、生态保护和历史文化传承等，注重保持乡土风貌，加强乡村治理工作。本书立足于脱贫攻坚巩固期、乡村振兴推进期、城乡融合发展期"三期合一"的重大历史机遇，结合规划实践、乡村研究以及驻场服务心得，以如何输出"把得准、落得实、看得懂、用得顺"的规划成果为基本出发点，创新"编以致用、以用带编、编管结合"的规划编制理念，建构"以使用者为中心"的实用性规划编制方法，明晰各类村庄规划编制的内容、方法与技术，形成四大部分的篇章结构。

首先，回顾中国乡村规划与建设的百年历程，特别是系统评析改革开放 40 年来我国乡村规划编制及其实施的经验得失，对现有编制技术导则及规划实效问题进行反思和检讨，并紧抓村庄规划的现实诉求，从多个层面提出了新时代乡村规划需要响应的主导方向与方式方法。

其次，立足于规划改革和乡村振兴的新时代、新要求，探索乡村地域系统规划编制的思路与方法，重点阐述了实施导向下的村庄规划研究的关注点、出发点和着力点，深入研究了编制方法的设计导向、设计原则、主体内容等，建构了以使用者为中心的"三化一性"的规划编制方法。

再次，在重新建构"融合型"村庄分类体系的基础上，明确村庄规划的总体技术要求，分类研究"提升、融合、保护、其他"四大类村庄的规划编制技术细则，并从成果输出的角度，对图纸类型、制图要求、数据库建设标准和成果汇交等成果方面的表达技术进行系统研究，探索了以使用者为中心的"清单式、定量化、善治型"的规划技术工具。

最后，选取具有典型代表性的集聚提升类、城郊融合类、特色保护类村庄各一个，开展实践示范，展示方法应用的技术路线，并检验本书所提理论方法的可行性。

本书各篇章分工执笔如下：

第一篇 反思与检讨	魏书威	卫天杰	王建成	刘芳芳	李金斌	张文年	潘文彦
第二篇 思路与方法	魏书威	卢君君	钟 果	王 辉	陆小钢	李乐仁	张运兴
第三篇 技术与表达	魏书威	陈恺悦	卫天杰	钟 果	张新华	李 明	赵 倩
第四篇 实践与示范	魏书威	薛永盛	宋国锋	陈恺悦	卢君君	王 辉	马亚君

全书由魏书威、卢君君、王辉统稿。

本书在国家自然科学基金（项目编号：52078405、51208244）的资助下，历时五年研究，两年成书，虽进行了较为系统的理论思考、方法试用和实践总结，但仍很难适应复杂多样、差异多元的中国乡村实际，所提出的理论和方法难免存在不充分、不完善之处，敬请读者批评指正。

魏书威 等

2022 年 2 月 20 日

目　录 ～～～～～～～～～～～～～～

第一篇

反思与检讨

第一章　规划综述

费孝通先生曾说过："从基层上看去，中国社会是乡土性的。"虽然我国城镇化率于 2011 年首次突破 50%，中国社会进入了"市井性"的新时代，但作为以"农"为本的国家，我国乡村聚落的发展有着数千年的历史，承载着数千年来的乡村文明。改革开放 40 年来，受城镇化和城乡二元结构影响，乡村地位和命运发生了剧变，不但村落数量每年锐减约 1.8 万个，喘息生存下来的 50 多万个行政村也大多表现出了衰颓态势。我国已经到了乡村体系梳理和乡村振兴规划的十字路口。

乡村问题看似只是一个现实问题，实质上蕴含着深厚的历史渊源，从根本上说是一个历史问题。鸦片战争之后，受西方现代文明的冲击，我国乡村社会结构开始解体；虽经晚清、民国以及"土改""人民公社化"等不同时期的多次努力，但始终没有改变乡村衰退的总体历史进程。特别是改革开放之后，伴随城镇化进程的加快，"三农"问题日益凸显。在经历十几年的探索酝酿之后，乡村规划工作于 20 世纪 90年代中后期开始步入正轨，相关理论研究及高校课程教学在吸收历史养分的基础上也于此时应急式地匆忙开启。

一、历史基础——中国乡村规划编制的历史环境

"三农"问题是近代以来出现并伴随现代化进程逐步凸显的历史问题。在古代，中国社会是乡土社会，以农耕文明为特质的均质性社会按照自身的逻辑演绎和发展，没有复杂难解的农村、农业和农民问题。鸦片战争之后，西方现代文明开始进入中国，在破坏自然经济基础的同时，也开启了我国步履蹒跚的现代化之路，进而改变了与传统农业文明密切相关的乡村地域，农村、农业和农民问题逐渐成为影响近代社会稳定与发展的根本性问题。

（一）近代以来乡村规划编制的历史览要（1840 ~ 1978 年）

鸦片战争之后，伴随工业文明的发展，工业地域与农业地域的矛盾逐渐凸显，城市与农村的关系日趋复杂，作为中国社会缩影的乡村地区也悄无声息地发生着变化。为响应不同阶段现代化发展对乡村地域提出的相应要求，我国在清末民初、土地改革、社会主义改造、"人民公社"以及改革开放等不同时期均对乡村社会提出过改造计划或发展构想。特别是在洋务运动的推动下，通过西学东渐、师夷长技、

洋为中用等过程，探索了以规划的体例拟定全国农业合作化方案的思路，农业农村规划思想开始得到启蒙、传播。

梳理史料发现，近代以来至改革开放前广大乡村地域一直是我国社会发展的焦点和基点，或为配合现代化进程，或为配合政权建设需要，或为跟进时代发展需求，主要从土地制度、农业科技、农村教育、农业结构、农村治理等五个方面开展制度设计及政策供给。新中国建立之前，晚清政府、北洋军阀政府及国民政府侧重于"洋为中用、从欧美体"的农业农村现代化之路探索，冲破封建藩篱，积极培育资本主义农业经营模式，孕育农业资本市场，开展乡村建设、乡村复兴、乡村革命等运动，并尝试建立系统化的农业管理机构和现代化的乡村社会，启蒙并传播了农业发展计划、农村设施规划的新思路。中华人民共和国成立之后，为配合新生政权建设，我国在土地改革运动、社会主义改造运动、人民公社化运动等不同时期均把工作重心放在农村地区，并围绕"人、地、权"三大核心问题，运用阶级斗争或民主专政的方式，经历了"私有均等——产权归公——人民公社"三个阶段的变迁，通过制度设计并借助政府权力自上而下地推进乡村地区改革或革命，形成了"农业哺育工业、农村支持城市"的思维范式，并在大力推进农业机械化的同时探索了农村现代化模式，详见表1.1。

1840～1978年中国乡村地区的顶层设计及规划制度的演进历程　　　　表1.1

序号	重要时期	顶层设计的主要内容	乡村规划的经验积淀
1	清王朝晚期 （1840～1912年）	①首创农政机构；②首创现代农业制度；③革新产业理念，提出"以农为本，农工商一体化经营"理念	①注重治理，首创机构；②实业思维：实施"振兴实业"，出台"兴农法令"；③灵活施政：制定"行为规则"，探索非正式性的"农业政策"
2	中华民国临时政府及北洋军阀时期 （1912～1925年）	①创设农工银行；②创设水利机构；③开展清丈土地、整顿赋税、防治病虫害等系统工作；④注重种子改良	①传播现代农业思想；②配套出台系列政策；③调整产业结构，注重经济作物种植；④引进资本主义农业经营模式
3	国民政府时期 （1925～1949年）	①非常重视农村土地合作运动；②非常注重乡村基础教育，改革学制系统；③开启农业规划探索，推进农村基础设施	①创新：首次以规划的体例，拟定《全国合作化方案》；②初步探索"土地银行"模式；③现代思想：农业农村规划思想得到传播

序号	重要时期	顶层设计的主要内容	乡村规划的经验积淀
4	土地改革时期 (1949～1952年)	①开展乡村社会的重整与改造；②较系统研究了农村土地制度；③实践了"私有均等"的农村社会构想；④建立基层组织和基层政权	①效率：在国家强力支持下，农村重建工作迅速开展；②稳定：通过土改，在农村领域取得了农民的全面支持；③重构：建立新型社会阶级结构，打破传统的农村关系网络
5	社会主义改造时期 (1952～1957年)	①尊重农民意愿，组建互助组、初级社；②施行专政手段，推进高级社建设；③确立朴素的共同富裕观	①分期：分阶段、有步骤地实现农业社会主义改造；②统领：制定农地政策总方针；③反思与改进：对改造过程中的问题进行了多次总结、整顿
6	人民公社时期 (1958～1978年)	①农资产权在公有制范畴内不断演绎；②"农业哺育工业"思维范式；③国家权力对农村社会的全面介入	①制度设计优先，形成比较成熟的乡村制度模式；②农业机械化的行政推动模式；③产权制度逐步完善；④清晰的目标和任务：确立新生活标准

（二）改革开放之前乡村规划编制的经验积淀

　　整体上看，1978年之前的中国乡村规划不是以技术文本及图纸的形式呈现，而是通过行政文件、施政纲领等形式进行表达，其更多地夹杂着当权者利益集团的政治抱负和控权诉求。但通过剖析各个时期所涉及乡村地区的制度框架、政策体系、治理模式及设施安排等方面的顶层设计内容，可清晰地窥见在现代化进程中我国乡村规划的探索与路径。新中国成立之前，从晚清时期的"首创农政机构、制定行为规则"到北洋军阀时期的"重视农业科教、调整产业结构"再到国民政府时期的"拟定合作化方案、开展农业农村规划"，我国农业农村的现代化迅猛觉醒、疾步前行，在土洋碰撞、古今杂糅、上下摩擦中开启了乡村规划和乡村治理的艰难历程，或"振兴实业"，或"调整产业结构"，或"拟定《全国合作化方案》"，或探索"土地银行"模式，引进、尝试了诸多颇有实效的政策或计划。新中国成立之后，我国陆续开展了土地改革运动、社会主义改造运动及"人民公社化"运动，在巩固新生政权、建立农村基层组织、推进农资产权演进、推动农业机械化以及农田基本建设的同时，亦探索了"农耕技术改良""农业合作社组织""田间管理、联产计酬"以及"农村基础设施建设"等诸多发展模式。这些顶层设计或改造计划,为改革开放之后农村地区的制度设计、发展规划以及治理模式改革等奠定了历史基础,积淀了历史养分。

二、编制历程——40 年来中国乡村规划回望

(一)改革开放以来规划编制阶段划分

改革开放之后的十几年间,在拨乱反正、农村改革与"奔小康"的历史进程中,我国广大农村经历了"获得生产经营自主权""受中央一号文件高度重视"到"创办新型合作经济组织"等过渡转型期,在农村生产力得到最大限度解放的同时,"三农"问题日益暴露并复杂多变,催生了现代意义上的乡村规划技术体系。特别是 1992 年社会主义市场经济体制确立以后,中国开始探索适应市场经济规律的村庄规划编制的组织方式和技术方案,寻求通过规划引领、管控乡村建设,开启乡村规划的春天。

因此,严格意义上讲改革开放以来的乡村规划编制工作开始于 20 世纪 90 年代中后期,经历了启蒙、初探、变革、反思、回归等阶段(图 1.1)。经过改革开放前期十几年的酝酿和孕育,以上海、广东、北京等地为首,结合各时期中央的"三农"政策,开始了具有现代意义的乡村规划编制征程。

图 1.1 改革开放以来乡村规划编制阶段划分

(二)各阶段规划编制的基本要求与工作重点

在阶段划分基础上,对各阶段乡村规划编制的要求和重点进行系统梳理、总结,可更为清晰地揭示改革开放 40 多年以来中国乡村规划编制的思想脉络与技术演进。详见表 1.2。

改革开放以来乡村规划编制的要求与重点 表 1.2

阶段	规划名称	基本要求	工作重点	备注
孕育阶段 （1978～1992年）	村庄住房规划/综合规划/其他名称	各地村集体自发式组织，农村新建房屋规划，配合集镇建设	农房建设、集体资产处置、集体经营模式探索等	孕育阶段，无规划师介入，解决具体问题
启蒙期 （20世纪90年代中后期至2005年）	中心村规划	配合城镇化，集约利用土地，促进城乡一体化	聚焦中心村试点，开展规划模式探讨	启蒙阶段，无明确的统一要求
初探期 （2005～2008年）	社会主义新农村规划	生产发展、生活宽裕、乡风文明、村容整洁、管理民主	村容村貌整治，农房整治，农村公共文化建设	首次系统、科学的乡村规划技术体系
变革期 （2008～2011年）	新型农村社区规划	（河南）分类指导、科学规划、就业为本、群众自愿、因地制宜、量力而行（山东）统一集中规划农村社区，积极稳妥推进迁村并点，大力改善农村设施条件	建设新型社区，配置公共服务设施	各省市的基本要求不统一，但工作重点基本一致
反思期 （2012～2017年）	美丽乡村规划	规划科学、顺应环境、保护自然、彰显人文价值及改善农村生活水平	村庄环境、风貌、景观的整治与提升	
回归期 （2018年以后）	乡村振兴规划	产业兴旺、生态宜居、乡风文明、治理有效、生活富裕	乡村治理模式变革，乡村产业、设施、人居环境的全面振兴	各地正在探索适合本地实情的规划重点和规划模式

1. 前期孕育阶段的规划思想与工作重点

在孕育阶段，主要产生了邓小平关于农村改革的"两个飞跃"思想。"第一个飞跃"是废除人民公社，实行家庭联产承包责任制，主要解决的是农民生产经营自主权问题；"第二个飞跃"是发展适度规模经营和集体经济，主要解决由小农业向现代农业发展的问题。这个历史发展过程既是农村社会由封闭走向开放、由传统转向半现代化的阶段，也是我国乡村矛盾快速累积和隐形内聚阶段，期间酝酿了现代乡村规划思想。

此阶段前半期（1978～1985年）为村庄住房建设规划时期，不少村集体自发性地对新建房用地、村集体农场、进村主路以及村集体设施用房等进行了概念性建设规划并付诸实施。1979年在青岛召开的第一次全国农村房屋建设工作会议上，形成了"规划先行"的共识，并印发了《村镇规划原则》。此阶段后半期（1986～1992年）为村庄与集镇综合规划时期，出台了《中华人民共和国土地管理法》，明确村庄规划服从于集镇发展需求，并启动乡村规划法制化工作。

2. 实质启动阶段的规划思想与工作重点

20世纪90年代中后期以来，村庄规划工作实质性启动后，大致经历了"先自下而上，后自上而下"的五个发展阶段，如表1.3所示。

（1）启蒙期

为期十年左右的启蒙期内主要是以地方探索为主。各地要求不一致，但工作重点基本围绕中心村开展应景型的规划试点探索，上海、广东、北京等地较为典型，首次明确了中心村的数量、规模、布点、归并方向等，并探索出包含现状分析、村域规划、建设用地规划、近期建设规划等四大部分的规划结构。与此同时，各地逐渐开始探索城郊型乡村的发展模式与路径问题。

中心村规划及建设时期的情况简介与法律文件　　　　　　　　表1.3

序号	项目	内容
1	规划背景	大都市的城郊发展较快、开发诉求较强烈，差距明显的城乡二元结构无法满足郊区及城市的现实诉求。故以广州、上海、北京为主，在20世纪80年代农房建设规划设计的基础上开始转向中心村庄与集镇的综合规划
2	编制情况	上海近郊、远郊不同地区，共21个试点中心村，包括金山区的欢兴村、南汇县的汤巷村等。广州城乡接合部，开启了包括六庄村、北亭村在内的中心村规划试点；特别是2000～2002年间，广州市全面启动了中心村规划编制工作。北京则在马池口镇等新村建设示范的基础上，于20世纪90年代末选择区位条件较好、经济实力较强、开放诉求较明显的中心村，开展了中心村规划与建设工作，完成全市1/3的村庄规划工作
3	法律文件	《上海市城市总体规划》（1999～2020年），首提涵盖中心村的五层空间体系；《上海村镇住宅建设试点工作实施意见》（2000年），首提中心村建设标准；1997年，广州市制定了一系列技术规定为编制中心村规划提供技术指导，并首提"六图一书"的规划体系；《广州市村庄规划管理规定》（2001年），明确了中心村的规划编制与管理要求
4	分布地域	主要分布于北京、上海、广州等几个大城市郊区

王福定等认为，中心村是由若干个行政村联合组建的新型农村社区，它不是一个行政村的概念，中心村建设也不是撤并行政村，而是通过建设引导，鼓励改造空心村，撤并自然村，并通过基础设施的相对集中投入，使之成为一定范围的中心，即农村社区中心。

（2）初探期

党的十六大以来，党中央把解决好"三农"问题作为全党工作的重中之重，并提出了建设社会主义新农村的总要求，以统筹城乡发展的重大战略来推进广大农村地区的现代化转型，形成了新中国成立之后乡村地区首个系统的科学发展思想。按照党中央的统一部署，全国各地开展了新农村的规划和建设工作，并在村貌整治、农房改造、设施建设、产业促进等方面做了系统尝试，出台了《关于村庄整治的指导意见》等技术规范文件，首次较为系统地探索出都市型、城郊型、农庄型、产业型、资源型、服务型等多种类型规划模式，详见表1.4。

新农村规划及建设时期的情况简介与法律文件　　　　　　表1.4

序号	项目	内容
1	规划背景	2003年后，随着"三农"问题得到高度重视，城乡关系进入"工业反哺农业、城市支持农村"的发展阶段，村庄规划逐渐成为业界关注热点
2	编制情况	浙江于2003年实施"千村示范、万村整治"工程，针对省内村庄小而散的布局特征，以县域为单位进行统筹规划；广东于2006年开始新农村建设，主要以农村环境整治改造为目标，完善基础设施和公共服务设施
3	法律文件	浙江于2007年颁布了《浙江省村庄整治规划内容和深度规定》；广东陆续出台《广东省宜居城镇宜居村庄建设行动计划编制工作指引》等行动文件
4	分布地域	全国范围内全面铺开，但主要经验形成于浙江、广东等发达地区

（3）变革期

党的十七大之后，受迅猛城镇化的冲击，各地开始借鉴城镇规划方法推进农村撤村并点及新型社区建设，探索农村就地城镇化的新模式，河南、浙江、江苏、安徽等地成为"变革乡村地域模式、重构乡村人居空间"的急先锋，一场运动式的"新型农村社区"建设热浪迅速蔓延至全国，新型农村社区规划成为当时业界的工作重点。

（4）反思期

受变革思想冒进、制度改革滞后、政策设计缺失等因素影响，喜忧参半的新型农村社区运动在党的十八大之后迅速降温，党中央开始深刻反思当时乡村规划的得失，并配合"美丽中国"战略明确提出了"美丽乡村建设"的总体要求，开启了新一轮乡村规划热潮，不少地方提出"乡村规划全覆盖"的规划目标，快速进入了规划指导下的美丽乡村建设征程，并伴随全域旅游、旅游扶贫、特色小镇等建设要求，美丽乡村规划设计的内涵和外延不断丰富。

（5）回归期

在系统总结我国历史上乡村建设经验的基础上，党中央全面梳理改革开放以来乡村地域的变化规律，深刻反思乡村地区的深层次矛盾，提出了三步走的"乡村振兴"战略，并先从体制机制改革和政策体系设计角度出发，稳步探索适应各地实情的规划建设之路（表1.5）。自2018年5月，中共中央政治局审议通过《乡村振兴战略规划（2018 — 2022年）》，以后各地各级政府按照统一部署，陆续制定行政辖区内的乡村振兴战略规划，形成了全国一盘棋的乡村振兴空间布局体系；2019年1月，中央农办等5部门印发《关于统筹推进村庄规划工作的意见》（农规发〔2019〕1号）后，各地随即着手制定适宜本省区要求的村庄规划编制技术指南以及相关的考核要求，至2021年底，全国31个省市自治区基本出台了涉及村庄分类、编制要求、验收规定等内容的村庄规划编制技术指南（或规定、导则），形成了覆盖较全的乡村振兴规划技术体系。特别是随着国土空间规划体系的逐步建立，村级国土空间规划试点工作快速推进，基于"三调"数据和国土空间基础信息平台的"多规合一"实用性村庄规划工作全面铺开，各地分批次、分类型、有侧重地开展村庄规划和乡村振兴工作。

值得注意的是，在规划变革期不少地方因现实工作需要往往表现出立法冒进、操之过急等问题，不仅在村庄规划编制的速度、覆盖面等方面急于求成，而且在技术规范修订方面也往往草草出台、频繁修改。2022年2月，新疆维吾尔自治区自然资源厅新印发了《新疆维吾尔自治区村庄规划编制技术指南（试行）（2022年修订版）》；2022年3月，安徽省自然资源厅研究起草了《安徽省村庄规划编制指南（修订版）（征求意见稿）》；2019 ~ 2020年出台村庄规划编制指南或导则（试行）的其他几个省份也在根据快速变化的现实需求，酝酿再次修编完善技术规范（表1.5）。

回归期的乡村振兴规划编制相关文件与技术指南　　　　　　　　　　表1.5

序号	项目	内容
1	回归背景	2017年10月18日，党的十九大报告指出，农业农村农民问题是关系国计民生的根本性问题，必须始终把解决好"三农"问题作为全党工作的重中之重，实施乡村振兴战略

序号	项目	内容
2	国家层面政策文件	2018 年 5 月 31 日，中共中央政治局召开会议，审议《乡村振兴战略规划（2018—2022 年）》（9 月正式印发） 《中共中央 国务院关于坚持农业农村优先发展做好"三农"工作的若干意见》（2019 年 1 月 3 日） 《中共中央 国务院关于抓好"三农"领域重点工作确保如期实现全面小康的意见》（2020 年 1 月 2 日） 《中共中央 国务院关于全面推进乡村振兴加快农业农村现代化的意见》（2021 年 1 月 4 日） 《中共中央 国务院关于做好 2022 年全面推进乡村振兴重点工作的意见》（2022 年 2 月 22 日）
3	部委层面政策文件	中央农办、农业农村部、自然资源部、国家发展改革委、财政部联合发布《关于统筹推进村庄规划工作的意见》（农规发〔2019〕1 号） 《自然资源部办公厅关于加强村庄规划促进乡村振兴的通知》（自然资办发〔2019〕35 号） 《自然资源部办公厅关于进一步做好村庄规划工作的意见》（自然资办发〔2020〕57 号） 《农业农村部关于印发〈全国乡村产业发展规划（2020—2025 年）〉的通知》（农产发〔2020〕4 号） 《自然资源部 农业农村部关于保障农村村民住宅建设合理用地的通知》（自然资发〔2020〕128 号）
4	地方层面技术要求	《北京市村庄规划导则（修订版）》（2019 年 9 月） 《广东省村庄规划编制基本技术指南（试行）》（2019 年 5 月） 《新疆维吾尔自治区村庄规划编制技术指南（试行）》（2020 年 3 月） 《安徽省村庄规划编制工作指南（试行）》、《安徽省村庄规划编制指南（试行）》（2020 年 4 月） 《黑龙江省村庄规划编制技术指引（试行）》（2020 年 6 月） 《江苏省村庄规划编制指南（试行）》(2020 年 8 月) 《云南省"多规合一"实用性村庄规划编制指南（试行）》（2021 年 3 月） 《浙江省村庄规划编制技术要点（试行）》（2021 年 5 年） 《贵州省村庄规划编制技术指南（试行）》(2021 年 6 月) 《河南省村庄规划导则（修订版）》（2021 年 6 月） 《甘肃省村庄规划编制导则（试行）》（2021 年 3 月）

三、比较评析——40年来中国乡村规划得失

（一）规划思想评析

在前期孕育阶段，主要是应急式规划思想，重点响应农村暴涨的建房诉求，并配合集镇发展要求。20世纪90年代中后期乡村规划正式受重视之后，我国依次形成了五种各具特色、层次分明的规划思想及相应发展时期。前四个时期，乡村规划没有自身的规划本体，均在参照不同时期的城市规划思想，在摇摆中形成了向城市看齐、向外貌看齐、向集中看齐、向特色看齐等四种思想。在深入反思乡村深层次矛盾并系统总结历轮规划得失的基础上，党的十九大报告中明确提出了乡村振兴战略，回归到乡村本体和规划本位，"全面振兴，向质量看齐"的思想逐步清晰，详见表1.6。

改革开放以来乡村规划编制的思想、导向与模式　　　　　表1.6

阶段	规划名称	核心思想	规划导向	基本规划模式
孕育阶段 （1978～1992年）	村庄住房规划/ 综合规划/ 其他名称	应急式规划 农房，配套 集镇建设	应急导向+ 从属配合	农房建设应急模式，城乡两元 分化模式
启蒙期 （20世纪90年代中 后期～2005年）	中心村规划	缺啥补啥， 向城市看齐	问题导向+ 指标导向	大城市周边休闲导向模式，农 村新建房规划适应模式
初探期 （2005～2008年）	社会主义 新农村规划	涂脂抹粉， 向外貌看齐	问题导向+ 功能导向	集体经济带动模式，村企合一 发展模式，村容村貌整治，农 房整治，农村公共文化建设
变革期 （2008～2011年）	新型农村 社区规划	另起炉灶， 向集中看齐	功能导向+ 目标导向	"城镇开发建设带动"模式、 "产城联动"模式、"中心村 建设"模式
反思期 （2012～2017年）	美丽乡村 规划	自我升级， 向特色看齐	政策导向+ 任务导向	产业发展型、生态（文化）保 护型、休闲旅游型、环境整治 型、城郊集约型等模式
回归期 （2018年以后）	乡村振兴 规划	全面振兴， 向质量看齐	使命导向+ 综合导向	"三新"模式（新乡贤+新乡 人+新农人）、城乡共享模式 （共享经济+生命质量）、顶 层变革模式（制度框架+政策 体系+规划引导+实施跟踪）

（二）规划导向评析

在规划导向方面，经历了眉毛胡子一把抓的应急阶段之后，随着对乡村问题认识的深入，我国依次形成了从"问题导向，应急型规划"到"使命导向，综合型规划"的五次重大转变，"全域规划、规划伴行"、"全面振兴、制度先行"、"逐步探索、稳步推进"等规划变革思维得到业界、政界的广泛认同。

从行业主管部门的行政思维导向看，经历了最初的"鼓励地方探索开展村庄规划"到"国家统一推进社会主义新农村建设"，再到"进一步加快推进新型农村社区建设"以及"全面启动美丽乡村建设"并出台《美丽乡村建设指南》等系列规范文件；最后，中央提出"乡村振兴战略"，自上而下整合形成乡村振兴和农业农村发展的行政管理系统，提出分类施策、分步推进乡村振兴的工作思路。

（三）规划模式评析

在规划模式方面，我国亦开展了艰苦的探索，从孕育阶段的农房建设应急式规划到乡村规划提上议程初期的"仿城市规划模式、新建房需求响应规划模式"，最后转型升级为"三新"模式、城乡共享模式、顶层变革模式等内外兼顾、形神合一的内涵模式，规划"主动作为、引领伴行"的功能日益凸现，拟通过乡村振兴重塑新时代城乡关系的思路日趋清晰。

（四）规划方法评析

在40年来的乡村规划编制实践中，逐步形成了与各时期规划思想要求相匹配的规划方法。在规划孕育阶段，为了响应当时村民上楼、分户建房等诉求，主要采取"先粗后细"的应急式工作方法，被动式地开展规划工作。在启蒙期，主要针对中心村，采取需求导向法以顺应城镇化发展，探索城乡两极分化的规划解决方案。进入初探期后，主要采取自上而下的规划方法，有效借鉴了日本"一村一品"运动、韩国"新村运动"、英国"传承与发展"并重等规划方法，并开始注重各种方法的适应性问题；但受政治性、运动式规划思维影响，不少方法流于形式。而在变革期，由于受到迅猛城镇化进程的冲击，目标导向的跃进思想占据主导地位，生硬地借用城镇规划方法，未触及制度改革和政策设计，导致绝大部分农村地区的社区化改造因缺乏农村宅基地和农用地两个"三权分置"的制度配套而出现治理混乱、流于形式等问题。在反思新型农村社区建设成败的基础上，党中央提出了美丽乡村建设的总体要求，并明确提出实用、适用的规划方法，注重逐步向规划落地与实施效果看齐，但过分注重环境风貌整治而对多规合一、产业兴村等内容关注不够。党的十九大以来，深入反思乡村持续发展的深层次问题，回归到乡村本体和规划本位，考虑定性与定量相结合的方法，GIS 空间分析方法、计量方法等一批偏理性的规划方法受到业界重视。特别是结合正在开展的国土空间规划工作，各类数据分析、空间分析、发展评价的方法被更多地应用到村庄规划领域（表 1.7）。

改革开放以来乡村规划编制方法评价

表 1.7

阶段	规划名称	主要方法	优点	缺点
孕育阶段 （1978～1992年）	村庄住房规划 / 综合规划 / 其他名称	"先粗后细" 的应急工作方 法	响应了当时村民上楼、 分户建房等诉求	方法比较粗糙，过程 是被动式的
启蒙期 （20世纪90年代 中后期～2005年）	中心村规划试 点 / 村庄规划	需求导向法	适应了社会主义市场 经济体制建立之初的 农村发展状态	缺失"供给侧改革" 与"规划引领"思维， 为被动式规划
初探期 （2005～2008年）	社会主义新农 村规划	自上而下规划 方法，倡导型 规划方法，经 验借鉴型方法	首次摸索规划方法及 其适应性问题，较好 地借鉴其他国家和城 镇规划方法经验	没有探索形成符合各 地实际的乡村规划方 法，不少方法流于形 式
变革期 （2008～2012年）	新型农村社区 规划	社区单元体系 的构建方法， 目标导向法	充分借鉴城市规划方 法，初步探讨具有乡 村社区特色的规划方 法	过分借鉴城镇规划方 法，缺乏制度改革和 政策设计方面的支撑
反思期 （2013～2017年）	美丽乡村规划	实用性规划方 法、评价—— 优化规划方法	逐步向实用与实施看 齐，开始反思规划方 法的适用性与适地性 问题	相关规划衔接不畅， 过分注重整治规划， "多规合一"思维落 实不到位
回归期 （2018年以后）	乡村振兴规划	GIS 空间分析 方法，计量分 析方法，质性 研究方法	适应由定性向定量转 化的规划大趋势，适 应多规合一和自然资 源部成立的大背景	定量方法不够系统， 规划结果的实操性有 待加强

四、现实启示——40年来中国乡村规划反思

乡村规划是开展乡村建设、乡村振兴和乡村治理的重要工具与手段，角色和使命非常重要。40年来乡村规划的实践，为今天乡村振兴规划提供了丰富的养分和可借鉴的方法、模式。总体来看，规划研究先天不足、顶层设计严重滞后、规划组织冒进粗放、多种规划相互打架、规划成果落地困难等问题是制约认知深度和规划质量的主要因素，也是今天实施乡村振兴战略应重点克服的问题。

这里试图构建乡村振兴规划的"双层同心圆"理论模型，形成"内涵充实、外延科学"规划结构模式，实现乡村规划既可有效管制空间环境，也可发挥乡村的经济与社会活力的目标。内涵圈层包含两部分内容：一方面尊重村庄发展规律，将规划工作做实，做到"延续文脉、谨慎规划"；另一方面以使用者为中心开展规划，将工作重心下沉，做到"开门问策、问计于民"。外延圈层包含三部分内容：首先是推动"多规合一"，避免规划打架；其次是做到"实用管用"，避免华而不实；最后是尽量"简化表达"，避免冗繁不清。详见图1.2。

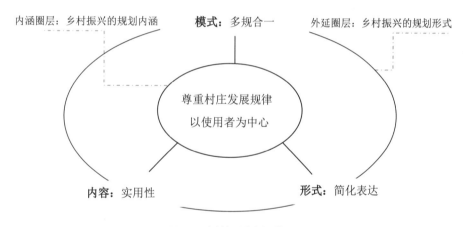

图1.2 乡村振兴规划思维导图

（一）尊重村庄发展规律

认识并尊重村庄发展规律，是做好乡村振兴工作的前提，也是编制村庄规划的基础。习近平总书记强调，农村是传统文明的发源地，乡土文化的根不能断，农村不能成为荒芜的农村、留守的农村、记忆中的故园。要重视和弘扬传统文化，延续村落肌理和历史印记，注重"以人地关系为主的自然认知、以空间格局为主的形式构架、以文化传承为主的意境营造"，彰显规划成果的文化含量。与此同时，需要

深刻认知并确实尊重村庄的社会经济发展基本规律，避免犯"拍脑袋"、想当然或者教条主义、本本主义的错误，贻误村庄发展机会。具体而言，就是要深刻地认识到乡村发展所伴随的"人口减少、农村社会分工深化、农村居民中产化以及农户居民点缩小化"的现实情况，要认识到我国广大乡村农户正在扩大分享农业产业链收入，正在扩大农户与城市的联系，正在日益享受到城市公共服务等发展动态。这些深刻改变农村地区经济社会结构的发展规律，正是规划师开展乡村规划编制的基点。

（二）以使用者为中心开展规划

村庄规划建设的最终受益主体是村集体和村民，同时还有外来投资商、拟迁入的新村民、返乡的城里人以及与村庄发展紧密相关的权益人等，这些自然人和法人共同构成了村庄的"使用者"，或称之为"规划的用户"。因此，村庄规划编制需要围绕这些使用者的客观诉求和使用习惯，坚持开门问策、问计于民、集思广益，制定针对性强且易读易懂的调查清单，实施形式灵活多样、百姓喜闻乐见的规划调研，特别注重广大村民和乡贤在规划编制中的主体地位，积极引导规划的受益者、实施者以及利益相关方参与规划编制，尽可能降低规划师的"经验主义"和"英雄主义"色彩，从而实现规划全过程的"用户导向"。

（三）坚持编制"多规合一"

各地编制了大量的村庄规划，甚至推进全覆盖；但受到规划类型多、参与主体多、行政多头管理等因素影响，条块分割、规划打架现象比较严重，从规划编制到建设管理均存在部门协同困难、工作统筹困难的问题，严重影响了村庄规划建设成效。因此，在建立国土空间规划体系背景下，延伸2014年中央城镇化工作会议提出的"多规合一"，在乡村规划领域实施探索"现状数据融合、多规冲突分析、规划差异协调"等工作，从顶层设计到项目规划，实现统一数据、统一编制、统一建设、统一平台的多规合一规划和运行机制，最终形成"一张蓝图、一本规划、一套机制"的乡村良序善治。

（四）确保内容"实用性"

反思多年来的村庄规划实践活动，运动式、一刀切的村庄规划编制模式存在诸多弊端，乡村规划宜按需分类编制、因地制宜；同时，规划内容也应避免过于机械甚至流于形式，需转向实用、能用、管用，确保规划科学性和实用性。从村庄规划的法律属性看，之前理论和概念均比较模糊，不利于规划实施；在建立国土空间规划体系的背景下，村庄规划应定义为在开发边界以外、详细规划层面的法定规划，是实施国土空间用途管制、核发乡村建设项目规划许可的依据，也是遏制农村"两违"，加强农村宅基地和集体建设用地使用权确权登记的重要手段。在内容深度方面，需改变过去"划分功能分区、配置公共设施、策划产业方向、整治风貌设计"四位一体的粗糙做法，需要到达详细规划深度（或在物质规划部分达到能指导施工的深度），以确保"发展有指引、建设有管控、管理有依据"。

（五）实现成果"简化表达"

村庄规划成果的章节越来越多，专业名词越来越多，导致可读性、好用性越来越差，影响了规划内容的表达和规划成果的落地。因此，村庄规划承载的内容不可过多过繁，不应"面面俱到、滴水不漏"；应围绕"管什么就编什么"的原则，重点针对解决多元数据冲突、核发乡村建设许可、提升公共服务能力、引导产业及风貌整治等关键问题，明确村庄各类空间要素的管控，划定"三区三线"，落实城镇开发边界以外"详细规划＋规划许可"和"约束指标＋分区准入"的管制方式，形成百姓版、报批版、管理版、宣传版等多种成果表达方式，做到能简即简、能合即合、不走过场，形成看得懂、记得住、能落地、好监督的简化成果。

第二章 实效评价

一、村庄规划编制成效评价

我国乡村规划编制探索历经40余载，期间步履蹒跚、跌跌撞撞、左右摇摆，且行政推动始终起主导作用。到目前，基本实现了从"单一目标的住房建设规划"转向"多元目标的乡村振兴规划"、从"城乡二元结构的具体问题规划"转向"城乡共享结构的全面振兴规划"、从"附属城市的客体规划"转向"城乡并进的本体规划"，且村庄规划的引领作用、统领功能得到普遍重视。通过40余年规划工作的努力，减缓了部分乡村衰退进程，总体上满足了广大农村地区日益增长的物质文化需求，乡村面貌出现了很大改观，也在一定程度上缩小了城乡差距，为乡村振兴规划工作奠定了基础。

但由于每一轮规划基本都采取运动式、速成型、碎片化的工作方法，很难从根本上、制度上提出村庄建设的整体框架和系统政策，并且较少涉及农用地、农村宅基地、职业农业等"人、地、财"的解放与改革问题，导致农村规划建设问题悬而未决、日趋严峻。此外，乡村规划的理论研究长期处于被忽视地位，乡村规划的调研工作也常常走马观花、流于形式，种种原因使我国规划界在面对逐渐衰落的乡村现状也束手无策。整体来看，在乡村体检、乡村变革、乡村伴行、乡村实施等方面仍存在规划缺位和先天不足等问题，在一定程度上影响乡村地区全面振兴和持久活力（表2.1）。

改革开放以来乡村规划成效评价　　　　　　　　　表2.1

阶段	规划名称	推行单位	典型地区	规划覆盖率	关键成效	主要不足
孕育阶段（1978～1992年）	村庄住房规划/综合规划/其他名称	农业部、建设部	—	极低	重点响应村民上楼、分户建房等诉求	只解决住房建设等具体问题，未作出统筹安排，乡村规划未真正受到重视
启蒙期（20世纪90年代中后期～2005年）	中心村规划试点/村庄规划	省政府、市政府	上海广东	个别地方探索	局部开展村庄规划试点，探索乡村规划结构、内容	忽视产业规划、整体形态规划及设施规划

阶段	规划名称	推行单位	典型地区	规划覆盖率	关键成效	主要不足
初探期（2005～2008年）	社会主义新农村规划	建设部	四川重庆江苏	全面推广20%～40%	全面开展村庄规划工作，重点响应乡村公共文化设施、村容村貌等建设诉求	忽视产业规划、基础设施规划等，标本兼治工作滞后
变革期（2008～2011年）	新型农村社区规划	中共中央办公厅、国务院办公厅；各省市政府	河南浙江安徽江苏等	各地试点3%～8%	以城镇化理念改造农村，以公共服务社会化覆盖农村，通过规划整合引导农村居民点收缩，并开展农业"三区"划分工作。重点响应农村城镇化建设诉求	农村三权分置推进缓慢，乡村治理模式设计缺失，老旧宅基地腾挪受阻
反思期（2012～2017年）	美丽乡村规划	农业部主导，住房和城乡建设部等部门配合	浙江贵州安徽福建重庆海南	基本覆盖60%～100%	农村生态建设、环境保护和综合整治等取得阶段成果。重点响应"生产美、生态美、生活美"的诉求	缺乏治理理念，乡村治理变革缓慢；乡村基础设施、环卫设施建设滞后
回归期（2018年以后）	乡村振兴规划	自然资源部主导，农业农村部、国家乡村振兴局等部门全面配合	山东四川江西福建甘肃青海等	要求全覆盖，各地尚在探索中	中央层面开始启动制度框架和政策体系设计，各省市（区）全面启动乡村振兴规划编制工作。积极响应2018～2022年的五份中央一号文件和中央农办等五部委意见	部分地方缺乏深入解读，一些省市县出现了"教条式"落实、"冒进式"规划、"运动式"推进、"政治化"工程等失控现象

（一）规划价值评价

乡村规划建设的价值取向始终处于变更、演进中。在封建社会，农业占据绝对主导地位，乡村规划建设的价值取向始终围绕土地所有者的管控与发展诉求，以"地权"为中心缓慢、有序地开展乡村建设活动。在民国时期，主要围绕"西学东渐、现代改造、实业救国"的发展理念，确立以乡村现代化为价值主体的规划思路。新中国成立后至改革开放前，经历了农业社会主义改造、农业公社化、农田水利及农业科教建设、知识青年上山下乡等重大的乡村改造或建设活动，体现出以"重农轻商、制度改造、生产促进"为特征的显著价值取向。

改革开放之后，伴随城市规划的蓬勃发展，我国乡村规划也逐步由温到火。但受到乡村异质性、复杂性的影响，全国范围内的乡村规划体系一直没有完整地建构起来，且规划的方法、技术及要点也随着城乡关系变化等而呈现出频繁变更的特点。

具体而言，中国乡村表现出从农业生产单一价值主导向多元价值并重的演变规律。随着城乡统筹方式日益多样，城乡二元结构不断演变，倒逼乡村规划价值体系在忙乱中频繁地、跳跃式地变化。特别是伴随城镇化、市场化的迅猛推进，乡村的农业生产功能日趋弱化，而其景观、生态、文化等价值不断提升，乡村政策及乡村规划的内容、方法、重点也随之发生调整。

1. 随着城镇化进程而呈现出规划价值观的转变

改革开放以来，随着城镇化的迅猛推进，来自外部世界的改造压力过强过急，导致村落共同体的原有组织体系受到激烈冲击甚至面临崩溃，乡村传统价值观发生裂变。这在城镇化地区表现得尤为突出，在极端落后的乡村地区以及中间过渡地带往往表现得相对温和。反映到乡村规划领域，则表现为弃村进城、腾房上楼、迁村并点、收缩进社等价值理念，且往往被冠以城乡统筹、新农村建设、旧村改造、小城镇化等各种名号，拆村、腾地、复垦等运动规模浩大。

2. 伴随市场化推进而呈现出规划价值观的转变

改革开放特别是市场经济体制建立之后，中国农村被逐步卷入了市场经济大潮，原先相对自给、相对封闭的乡村经济悄然解体，地域性集体经济组织迅速弱化，取而代之的是各类半城半乡、非农非工的新型合作经济。为应对市场经济对乡村传统经济的巨大冲击，乡村规划师往往标榜为农村市场化的先锋，表现为即捕即解政策、盲目迁就市场、慌乱择路施策，探索各地农村"三变"改革、城乡建设用地增减挂钩、建设用地节余指标流转收益以及名目繁多的休闲农业、以地养老、以地入股、乡村地产等。

3. 随着乡村治理变迁而呈现出规划价值观的转变

乡村治理模式的急剧变化，传统的乡绅、乡贤社会快速解体，农村基层党组织呈现出软弱涣散问题，固有的乡村文化、传统秩序、乡土权威发生了根本变化。随着大部分乡村能人、贤人以及青壮年劳动力的进城，农村劳动力短缺问题日益明显，留村人员治理、城乡两栖人员治理以及长期闲置乡村资源资产治理等问题日益突出。这对乡村规划这个公共资源调控工具提出了新的要求，规划师们正从增量规划、生长规划的传统观念向存量规划、整合规划的现时价值观转变，但这种规划价值观的转变在理论和实践层面均处于探索阶段（表2.2）。

乡村规划价值的演变与评价　　　　　　　　　　表2.2

阶段	孕育阶段	实质发展阶段				
		启蒙期	初探期	变革期	反思期	回归期
核心价值	居住乡村	设施乡村	发展乡村	收缩乡村	生态乡村	健康乡村
价值阐释	重点围绕住房建设，改善乡村居住条件	重点围绕配套设施建设，推进乡村硬件的换档提质	以经济建设为中心，进一步解放和发展农村生产力	以腾地支持城建为中心，以迁村并居的集中建设为形式	以乡村整体环境建设为中心，追求乡村与城市同步现代化	以全生命周期健康管理为中心，以乡村全面振兴为表现形式
价值背景	改革开放后自主建房、分户建房的迫切需求	乡村市场经济体制建构的政策推力和历史欠账清理的需求拉力	城乡统筹发展背景下的新农村建设推力	快速城镇化提出了"乡村腾地进城、收缩建设"的新要求	生态文明建设背景下，乡村尊重自然、顺应自然的发展创新	新时代主要矛盾背景下的乡村振兴、城乡平衡、充分发展等战略
价值评价	提升了乡村居住条件，激发了乡村发展热情	提升了乡村设施水平，但乡村增收渠道收窄	提升了乡村生产能力，但城乡差距迅速拉开	提升了乡村生活条件，但城乡关系扭曲变形	提升了乡村环境条件，但乡村衰退持续加剧	拟通过组合拳，促进乡村振兴、城乡协同

（二）规划过程评价

规划过程的科学性在很大程度上影响着规划成果的可行性。乡村规划因其处于我国规划体系的末梢，相关技术规范较为混乱，规划过程监管尤为缺失，甚至经常出现"不调研现场、相互抄袭、成果速成、形式过会"等不负责任的现象。

总体而言，40年来业界对乡村规划过程的重视程度日益提高，不少地方甚至对编制技术路线做了硬性规定，以确保成果质量。以2005年为分水岭，之前以地方探索为主，程序相对随意，行政意志体现较为明显；之后则逐步进入国家推动与地方实践相结合的上下互动阶段，相关的规划程序不断得到调整优化。但与城市规划相比，乡村规划编制过程的严肃性、科学性仍然亟需提高。

具体而言，在社会主义市场经济体制建立之前的规划孕育阶段，有广州、上海、北京等个别地区开启了乡村规划编制过程合理性的相关探索，但多局限于新建房规划层面；到21世纪前后，全国不少地方规划部门甚至部分地方政府开始了乡村规划过程的探究，作出了正式或非正式的一些规定，相关学者亦围绕中心村规划或一般村规划，初步研究编制过程与程序问题；特别是党的十六届五中全会之后，国家层面明确提出了建设社会主义新农村的总体要求，关于乡村规划编制程序及技术路线的相关研究与规定像雨后春笋般涌现出来，国内首次出现程式化、标准化的编制过程表述；而此后随着新型农村社区、美丽乡村、乡村振兴等战略的陆续提出，从国家领导人到业界学者、从中央部委到地方规划部门均关注到编制过程的重要性，并从不同角度、不同层面提出了各式各样的过程构想或技术路线。国家层面，自然资源部明确多规合一实用性村庄规划总体要求、主要任务、政策支持、编制要求、组织实施，地方自然资源主管部门自主探索多规合一实用性村庄规划编制导则或技术指南，对技术路线、深度要求、编制内容、成果表达、编制程序等作出详细规定，强调规划重心下沉、现场调研翔实、全过程公众参与以及简化成果表达等要求，以确保村庄规划的实用、管用、能用（表2.3）。

乡村规划过程及技术路线的演变与评价　　　　　　　　　　　表2.3

阶段	孕育阶段	实质发展阶段				
		启蒙期	初探期	变革期	反思期	回归期
规划过程的提出主体	个别地方规划部门	地方规划部门或地方政府，相关学者	建设部、地方政府、规划学者	中央部委、地方政府、规划学者	中央部委、地方政府、规划学者	国家领导人、中央部委、地方政府、规划学者
规划过程的核心要件	居住需求调查、户型及住宅效果图公示	规划调查研究、规划成果公示	前期调研中期交流后期公示上会审查	全过程公众参与、规划公示、村民代表参会	多轮调研、多轮座谈、倡导式规划	多规叠加评价、乡村资源评估、乡村需求评价、清单式规划、简单化表达、实用性规划
规划过程的科学性评价	仅局限于住房	关注前期调研和后期成果公示	规划过程程式化、标准化	关注全过程公众参与，特别是村民代表意见	关注现状摸底的精准性、村民意见的采集面	关注面较全、注重规划过程中的多规合一、实用管用，倾听村民意见

（三）规划实施评价

实践是检验真理的唯一标准。同理，规划落地性也是检验规划成果科学性的最主要标准。规划评估可较为客观地反映不同版本乡村规划在目标定位、空间布局、用地管控、产业筛选、设施配套以及落地抓手等方面的科学性、可行性，较为真实地揭示不同地方在乡村规划与建设方面的历史经验、地域智慧和深刻教训，并为乡村振兴规划的编制提供参考。

改革开放以来几轮乡村规划的实施情况均差强人意，总体呈现出"针对性越强的规划落地性越好，涉及面越广的规划则实操性越差；局域性越强的规划实施程度越高，全域性越强的规划则实施难度越大"的规律。在改革开放之初，仅在个别地方探索了住房规划、中心村规划等，且其规划内容针对性强，或针对分户建房要求、小学扩容要求、村道扩建要求以及送电、上水等急需的民生设施等，或针对新村建设、乡村产业园建设等，虽处规划探索阶段，其技术思路、图文表现、成果表达等均显粗糙，但实施程度很高，大体在 50% 以上，个别地方甚至达到完全实施的理想状态。包括 2010 年前后在河南、浙江、重庆等地大力推行的新型农村社区规划，在牧区推行游牧民安置区规划，以及在个别山区探索的撤村并居、下山入川等规划，其针对性较强且没有泛泛铺开、全面推广，整体的实施程度也是比较高的。而自上而下全面推行的社会主义新农村规划、美丽乡村建设规划等，虽有覆盖面广、影响力大、步伐一致等优点，但其规划实施程度较低，个别地方甚至仅有个位数实施率。乡村振兴规划特别是近年推行的多规合一实用性村庄规划，暂时尚未进入实施阶段，其落地性尚有待观察，详见表 2.4。

当然，不可否认的是在 21 世纪前十年的发展黄金期内，全国 50% 以上行政村在主要村道硬化、村庄公共服务中心建设、部分村民新宅建设、饮水工程推进等方面取得了突飞猛进的发展；在第二个十年里，通过"清洁乡村"活动、农村危房改造、农村人居环境整治行动以及打赢脱贫攻坚战等一系列卓有成效的工作，将近 70% 的行政村实现了农村垃圾治理、农村户厕改造、生活污水治理、村庄巷道提质、村容村貌提升、农业生产废弃物资源化利用等目标，不少乡村结合特色产业、文化旅游等建成美丽乡村、田园综合体或特色小镇，在规划引领下全国很多乡村的整体面貌、文明程度、生活模式等发生了较大变化。

规划 实施 \ 发展 阶段	孕育阶段	实质发展阶段				
		启蒙期	初探期	变革期	反思期	回归期
	住房规划 / 综合规划 （1978 ~ 1992 年）	中心村规划 （2000 年 前后）	社会主义新农 村规划 （2005 ~ 2008 年）	新型农村社区 规划 （2008 ~ 2011 年）	美丽乡村建设规 划（2012 ~ 2017 年）	乡村振 兴规划 （2018 年 以后）
规划实施 程度	很高 （70% ~ 100%）	较高 （52% ~ 65%）	较低 （20% ~ 28%）	尚可 （45% ~ 61%）	较低 （13% ~ 25%）	——
主要实施 内容	农房建设、 农村教育设 施建设等	建农房、修 干道、补送 电及上水设 施等	硬化村道、建 设新村、村委 会及文化广场 建设，农村商 业网点建设等	游牧民集中安 置区；居民点 集中收缩；下 山入川；撤村 并居等	"清洁乡村"活 动；开展农村人 居环境整治三年 行动	——
实施截止 时间	持续至 2000 年前后	2005 年前 后基本结束	持续至今	2018 年前后 基本结束	2013 ~ 2015 年; 2018 ~ 2020 年	尚未开启

二、村庄规划难以实施原因

目前，乡村规划成果落地面临乡村发展动力弱、村庄建设变数大、规划管理较随意、村民循规守线意识差等问题，规划方案难以实施，甚至出现规划与建设两张皮的现象，严重影响了地方政府、村委以及村民对规划编制的热情。另一方面，自上而下政府主导的多轮运动式村庄规划与整治建设，虽具有涉及面广、成效快、政绩鲜明等特征，但均存在规划实施评估缺失、发展现状评估弱化等问题，导致乡村发展过程中的许多问题被掩盖、被搁置，一些"一刀切、形式化"的时弊也得不到及时纠正，影响了规划成果的落地性。

（一）村庄规划难以实施的外在表象

1. 运动式、高频次的乡村规划组织方式

四十年来的多轮乡村规划，"运动式"色彩明显。究其原因，首先，受宏观政策导向影响，政府主导的乡村规划思想不断变更，在此过程中村庄、村民往往是被

动参与，缺乏发言权。其次，乡村规划的法律地位缺失，虽然2008年颁布的《城乡规划法》中明确规定村庄规划为法定规划，但始终未能形成可操作的规划体系，且乡村规划尚无统一的规划名称，导致其在实际编制中的错位，出现村庄布点规划、新农村建设规划、乡村建设规划、新型农村社区布局规划、县域村庄整治规划、美丽乡村建设试点规划等一系列规划，不同规划各抒己见，但任何一种都缺乏法律依据，法律地位的尴尬使得乡村规划可以任由摆布、随意修编，规划的权威性和指导意义无从谈起。最后，乡村规划缺乏类似城市总体规划的定期评估和实施监管等保障机制。"运动式"规划是自上而下政策导向的必然结果，规划内容带有较强的政策时效意味，大多缺乏对乡村成长基本规律的深刻认知，规划成果难以指导建设实践。

2. 一刀切、批量化的乡村规划编制模式

虽然农村四十余年经历了社会经济快速发展的过程，但必须清醒地认识到乡村发展是一个渐进过程，不可能一蹴而就。对比四十余年各阶段的规划内容，存在诸多共性内容，新规划中依然面临以往规划面临的问题，原有规划的实施效果值得商榷。江浙、珠三角等发达地区在快速发展阶段的乡村规划，重点须应对空间整合过程中乡村工业用地快速扩张与农用地急剧减少之间的矛盾，而传统农区快速城镇化进程中的乡村规划，应该着力应对人口城镇化带来的村庄空心化、村庄发展乏力、农用地低端粗放等问题。厘清乡村发展在城镇化进程中面临的主要矛盾和问题是编制乡村规划的前提和必要条件，脱离乡村发展阶段和地区发展实际，盲目批量编制规划和机械套用发达地区乡村规划的做法，必然导致规划内容与乡村实际发展诉求的错位，使得乡村规划沦为工具，脱离规划公共政策属性的本质特征，乡村规划难以服务乡村发展的实际需求。

3. 重城轻乡、政府主导的乡村规划治理机制

过去一定时期内存在严重的重城轻乡的发展管理导向，对于乡村缺少实质性的研究和深层次的认识，在没有摸透乡村治理机理的情况下，机械套用城市管理模式或机制，必然会导致不相容的问题。随着乡村振兴战略的深入实施，村庄规划愈发成为村庄发展振兴的基本前提和重要指引。

首先，应该认识到乡村发展是一个渐进的过程，相比城镇发展速度要慢，切忌大规模拆迁并点的乡村整合过程。应该分类指导，对城郊型和产业园区的乡村可以适度推进乡村并点式的规划思路，而针对以传统农业耕作为核心的乡村发展，应树立村庄整治与保护的规划思路，"一刀切"式规划思路难以适应不同乡村发展的实

际需求。其次，乡村规划应高度重视村民就业和劳动力素质提升、乡村环境综合整治、乡村基础设施提升和公共服务设施均等化等增强乡村发展"内力"的规划内容，增强乡村发展的活力，改善乡村人居环境建设。最后，认清乡村社会仍然具有"熟人社会、邻里情结"的根本属性，村民自治的基本制度短期内不会改变，乡村规划的开展和实施需要充分吸纳村民的参与，乡村规划的编制方法和理念应该积极探索符合乡村发展实际和村民意愿的道路。

（二）村庄规划难以实施的内在逻辑

1. 城镇的规划方法不适用于乡村

乡村振兴的重点在于城乡要素之间的流通，通过城乡要素的互动，将乡村的发展由外力助推型向内生导向型转变，从根本上解决乡村地区发展不平衡、不充分的问题。以切实盘活乡村为目标，重点不再是空间结构的优化，而是向乡村治理、乡村功能、乡村伴行、乡村实施转变。

从历史的维度看，由新农村规划、新型农村社区规划到美丽乡村规划，一味地照搬城市的发展模式，以理想化的空间形态来安排乡村布局，缺乏与农村建设现状的互动，这样的规划方法在农村是不适用的；从实践的角度看，村庄是一个复杂的矛盾共同体，规划面向的实施主体与实施对象主要为村民，空间及设施的使用人群与使用对象也是村民，规划者虽然拥有自上而下的资源要素，却需重视自下而上的营造精神。因此，乡村振兴规划过程中规划师与村民的沟通交流，村民意愿与规划技术之间的博弈与平衡，远比统一的规划技术与方法重要。

2. 研究的方法论不适用于乡村

（1）沿用精英式规划

以人民为中心的乡村振兴规划，更多的应是遵循现状，以现状及实施条件为基础寻求最优规划方案及实施路径，充分发挥村民的自主性与能动性，切实盘活乡村。实际的规划过程中，一方面由于乡村数量庞大，各村庄的实际问题、发展条件及发展意识各不相同，难以用纯粹的方法论来进行统一规划；另一方面在现行管理体制下，由于乡村政府管理权限较小，其对涉及村民利益协调规划内容的执行力与主导力都是相对较弱的，具体建设及规划方案能否顺利落地实施，话语权一半在政府手中，另一半主要还是在村民手中。

（2）忽视实际发展需求

村庄规划的意义在于依据村庄发展现状和条件，以村庄发展需求为导向提出发展目标，因而，村庄的现状条件和发展的实际需求是规划的重要考量因素，但现行村庄规划脱离农村实际的问题亟需解决，大量村庄规划不符合农民生产生活需要、盲目照搬城市规划的内容、研究方法，忽视村庄的复杂性和多元性，规划方案及数据难以对村庄发展产生实质性的指导作用。比如，对于村庄人口的预测，如果套用城市趋势外推法等人口预测方法，由于老龄化、人口骤减等现象严重，可能会造成数据的大幅偏差，导致对设施配置及用地规模控制的预测同步出现偏差。

3. 规划的专业成果不适用于乡村

（1）规划成果复杂难懂

在乡村振兴规划中，规划师与委托方的博弈实际是实施方案的博弈，工作的重点主要是解决如何有效地推进规划落地与实施的问题。《关于进一步加强村庄建设规划工作的通知》也明确要求：村庄建设规划内容要区别于城市规划的一般做法，规划要简化、管用和以问题为导向，确保村民易懂、村委能用、乡镇好管；村庄建设规划编制成果要做到简明易懂、便于实施，避免制作长篇累牍、晦涩难懂的文本和图纸。

（2）规划实施容易走形

与村庄规划编制主体为村民不同，村庄规划的实施主体为乡镇政府以及村委会，或称之为村民利益的代表者。而囿于行政管理末梢对规划的科学性和权威性认知不足，加之专业表达较强的规划成果难以被村民利益代表人或村民所理解，普遍存在基层干部不理解规划、村民群众看不懂规划的情况；另外，由于缺乏专业技术人员指导，规划守法意识较弱以及实施经费极不稳定，村委和村民往往会根据自身的经验进行建设，在建设过程中随意加入自己的价值观念和审美情趣，这也导致规划实施的结果往往与规划成果大相径庭，村庄规划的管控力度和指导意义大打折扣。

三、村庄规划编制问题思考

（一）村庄规划内涵价值检讨

1. 村庄规划价值审视：实用、管用、能用

经过长期的乡土文化积淀，我国乡村形成了相对稳定的社会结构。无论是法律层面还是现实层面，乡村实现了自治性集体组织，形成了稳定的内在秩序。农村集体土地权益受法律保护，在农村土地集体所有制下，经过长期的土地承包经营，形

成了极为复杂的权益关系。

在生态文明建设的背景下，村庄开始重新审视乡村在城乡关系中的价值和地位。在这种观念下，我国在实现高质量城镇化和农业现代化过程中，必然要尊重乡村要素的发展规律和村民发展诉求，编制实用性的村庄规划，改善乡村人居环境，引导农业、农村和农民向城镇化和现代化转型。

2. 村庄规划意义重塑：以使用者为中心

村民作为规划的受益者和实施者，必须参与村庄规划的全过程，明确村民主体地位，并参与规划决策，这是村庄规划能够落地实施的根本。而规划设计者作为技术服务主体，最重要的职责是协调各主体达成共识。规划过程中需要对村庄规划进行深度摸底，了解村民需求、村庄发展限制条件、村庄发展优势等。规划师不能凭借"经验"做出决策，必须协调各种利益关系，注重规划编制中村民的主体地位和角色，充分吸收、采纳以村委为主体使用者的建议和意见，真正做到村庄规划为村庄发展服务，实现"开门编规划"。

3. 村庄规划矛盾协调："多规合一"

村庄规划建设实践表明，涉及乡村地区的规划类型较多，参与的政府部门也较广，比如县域层面有乡村振兴规划、村庄布局规划、乡村建设规划、乡村社区布点规划、乡村产业规划等，而行政村则有村庄整治规划、村庄建设规划、村级土地利用规划、美丽乡村规划等，导致同一片乡村空间多层次规划、多类型规划同时并存，其内容、深度、侧重点和发挥作用等均有不同，不可避免地造成规划"打架"现象。

在国土空间规划体系建立的背景下，要充分发挥"市县—乡村—村庄"不同层级国土空间规划对乡村发展的战略引领，实施管控。市县层面侧重目标制定、村庄分类、空间管制、规划传导、制度设计，乡镇层面重点关注底线管控、产业振兴和集约用地，而村庄层面则抓好具体的布局优化、建设实施、项目抓手等，从宏观到微观，从总体到具体，结合各级政府事权，通过各层级国土空间规划，分别明确涉及乡村发展的规划要点和内容深度。特别是在村级国土空间规划层面，要落实上位国土空间规划，也要整合原有的村庄建设规划、村级土地利用规划、村庄整治规划等，形成"多规合一"的村庄规划，真正实现"一张图"指导规划建设管理。

（二）村庄规划编制问题反思

1."走马观花"式调研：轻调研
（1）对乡村特殊性认识不足

我国在长期的"城乡分治"过程中形成了城镇和乡村两种截然不同的聚落形态，村庄规划的编制及理论研究远远滞后于城镇规划理论研究，虽然具体的村庄在经济总量、土地面积、人口等方面与城镇难以等量齐观，但村庄自身却具有极强的特殊性。认识和掌握乡村发展特点和运行规律是进行乡村规划的前提和基础。在传统村庄规划中，规划更多地被视为政策流程，规划主体不愿投入太多的精力到规划编制过程中，对村庄规划所涉及的人、地、环境之间的内在秩序缺乏深入分析，规划较为粗浅，导致村庄规划内容不适应村庄的现实需求。

（2）对乡村现状掌握度不够

在村庄规划过程中由于基础资料欠缺，规划师往往难以获得较为翔实的村庄基础资料，对村庄现状的认知基本处于感性层面，加之时间成本、编制费用、编制数量等方面原因，在规划调研过程中难以保证足够的时间和精力，导致对村庄的人口现状、用地现状、设施现状、村民诉求等掌握不足。此外，由于村庄规划理论研究的滞后，现成的村庄规划研究成果不多，规划师总体上对村庄特殊性认识不足，导致规划内容与现状差异较大，难以落地实施。

2.内容和体系"一刀切"：轻差异
（1）编制标准和规范不能满足需求

传统村庄规划有其特定的规划编制内容和体系，但在目前的发展背景和形势下，规划编制的内容和体系已经不适应村庄的发展需求。传统的村庄规划，缺乏对村庄现状摸查的重视，规划之间错位，村域空间管控难以实施，对乡村产业特色发展的研究深度不够，对村庄人居环境改善的认识不深入。

（2）"运动式"规划难以聚焦特色

之前的农村社区规划、美丽乡村规划、村庄整治规划等一系列的村庄规划基本都是"运动式"的推进，忽视传统文化和当地特色，急功近利。对于村庄的现状、发展诉求以及发展定位认识不足，统一的模板、统一的体系、统一的表达、统一的内容，"八股文"式村庄规划的编制，致使村庄规划的特色性和落地性不强。

对于村庄类型差别较大，且未来发展前景明显不同的村庄，一定要科学分析，切勿盲目全面开展村庄规划编制工作。对于将要撤并或保留现状的村庄，可以不再编制规划或编制相对简洁的规划，如针对人口规模较小，但短期仍将存在且不再有空间发展需求或潜力的村庄，可以只编制管理公约作为村庄规划，能满足其村庄管理即可。而对于发展需求或者文化保护较迫切的村庄，应优先编制村庄规划，且编制内容要详细，以切实指引村庄发展和管理。

3. "增量扩张"式规划：轻存量

多年以来，业界对乡村形成了一个固有的认识，那就是乡村基础设施短缺、公共服务设施滞后、村民主要依靠农作物或畜牧业为生，而忽视了四十年来特别是进入 21 世纪后的快速城镇化导致的设施闲置、村舍破败、人口锐减、产业退化等乡村衰退的普遍现象。到目前，不少地方在编制乡村规划时仍持有"增量扩张"思想，强调"加强设施供给、预留村宅用地、增加景观空间、新增产业用地"等规划导向，而对闲置中小学等教育设施、废弃仓库和供销商店等商业设施、长期闲置民宅等民房设施以及杂碎地块等闲置集体用地等没有给予足够重视，对乡村自然保留地、自然湿地、闲置景观设施以及老旧物件等存量景观资源亦未进行全面的梳理整合及再利用。乡村规划不仅没有消除乡村破败现象，反而导致乡村资源灭失、乡村景观衰败、乡村人居环境恶化。

这也迫使业界不得不深入思考几个问题：乡村公共设施到底是缺失还是富余？乡村存量资源如何梳理整合并实现资源资产化？目前的乡村到底需要怎样的公共资源配置模式？在高质量发展背景下，如何以不同于增量规划的路径来实现与增量规划一样的乡村经济社会协调发展目标？这些问题不仅关系到诸多乡村存量资源的挖掘与利用，而且关系到乡村的持续发展与高效振兴。

因此，在我国城镇化发展进入后半程后，针对经济下行压力的持续加大、乡村衰退的持续加速以及空间治理改革的加速推进，乡村空间发展模式应当从传统的"增量扩张"迅速转向"存量优化"；乡村存量建设用地、存量景观资源、存量公共设施的潜力挖掘和功能调整问题，成为转型发展期乡村振兴规划应该重点突破的方向。

4. 工作机制与方法不合理：轻实施

（1）缺少定量化的清单表达

当前的乡村建设规划、村庄规划多重定性分析、轻定量分析。解决乡村振兴规划"难落地"的现实困境，需定性与定量相结合。通过"系统性设计＋菜单式配套＋标准化定制"的整治规划方式，提高规划实操性；通过对规划编制、综合交通、生态建设、配套设施、村庄整治、村庄拆迁等内容设立工作清单，同时从乡村建设的核心问题出发，将数据整理、设施配置、用地规模、整治内容等要素定量化，划定乡村用地边界，明确乡村各阶段建设指标，有效指导各乡村近远期建设与乡村用地的管控，有效提高规划实操性。

（2）规划内容及体系缺少弹性

"乡村振兴"战略给乡村带来发展机遇的同时，也造就乡村建设环境的巨大变化。政府领导的频繁调动、农村政策的重磅频出、农村建设的思路频更、镇村领导的示范振兴及边规划边实施的乡村环境，导致了乡村振兴规划中调研、规划、实施的复杂性，必须在各个阶段厘清乡村发展的核心问题，弹性应对乡村环境的变化。

（3）注重用地的"利用"，忽视"权属"的重要性

规划是围绕空间来开展的，特别是乡村地区，以农业为主的生产方式决定了乡村对土地的依赖，人与地的联系紧密，因此在乡村规划建设中对"地"这一空间要素的利用应当更加规范严格。首先，充分利用自然生态服务系统的乡村，为城市提供了纯净的生态屏障，因此规划有必要将农田、水系和森林生态要素梳理整合为一个完整的为城市服务的生态体系；其次，鉴于乡村土地权益的复杂性，规划要重点明晰土地产权关系，保障规划用地布局的合理性、公平性及可操作性，并强化对农民先赋性财产权利（土地）的保护，明确土地产权关系及居民责任空间的政策分区；再次，通过分析判断村庄的经济区位，明确村庄功能定位，引导城乡要素集聚。最后，基于乡村空间的生长演变脉络、建设需求，确定村庄建设用地的合理布局、规范乡村空间布局。

（4）忽视村民的主体地位

重编制轻实施是传统村庄规划编制的表层结果，村庄规划的工作方法和机制的不合理则是深层原因。在传统村庄规划中，往往忽视村民的主体作用，规划完全由组织编制部门主导，但规划实施主体是村委会和村民，如果村庄规划仅采纳组织编制部门意见，必然会造成规划与实施脱节。虽然各界对这种现象早有清晰认识，但观念至今没有得到全面扭转。村庄规划组织编制部门工作量大，不能对所有村庄都细致入微地跟踪，规划师对村庄了解不详尽，只能靠自身"经验"编制规划。忽视村民主体地位和缺失良好互动机制的村庄规划难以发挥实际作用。

5. 乡村基层治理能力不强：轻治理

村庄规划的实用性，要以满足各利益主体的要求和诉求为前提，以健全的编制实施机制和较强的村集体治理能力为保障。若要村庄规划真正落地，至少需满足两个前提：一是符合政府的管控要求，村庄相关规划安排应符合区域发展趋势，不能与政府的发展导向和管控要求相违背，即划清村集体的可为空间和不可为空间；二是尽量满足村集体的发展需求，村庄规划应在合规合理的前提下，保证与村民发展诉求相一致。

另外，在规划编制和实施层面，要有完善健全机制作保障。在规划编制层面，最为重要的是用地规模和指标紧缺的问题，由于上层对城镇化发展趋势的误判以及地方本能的逐利性，土地利用规划中很多村庄用地被腾挪，导致村庄发展建设受到严重限制。空间规划改革，需要管理者正视问题，在严控的原则下，对于这部分区域应该允许适当的建设行为。在审批实施层面，需要重点把握好政府和村民的管理职责边界问题，明确哪些是村民自治的内容，哪些是政府要管的。政府最重要的是用途管制审批，需要配套明确的审批原则、流程等，尤其针对农民建房、建厂等核心问题，建立"健全指标＋乡村规划许可＋正面清单"的管控机制。村集体的治理能力也是影响规划能否落地实施的重要因素，村集体能否合理表达诉求、能否自治管理等都是当前亟待解决的问题。

第三章　诉求提取

随着乡村振兴战略提出和国土空间规划体系的构建，我国的乡村以及村庄规划迎来了新的发展和变革时期。在新型城乡关系和新的发展阶段下，如何识别本阶段独特的时代要求，如何提取乡村内在的价值诉求，如何编制行之有效的规划成果，成为广大乡村规划师首先要面对的问题。

因此，通过识别诉求维度、明确诉求指向，重点提取政策、技术、利益等五大主要诉求，进而明确规划诉求表达的形式与要点，以实现"接得上、把得准、落得实、看得懂、用得顺以及管得住"的乡村规划目标。

一、诉求维度辨识

20 世纪 90 年代中后期以来，我国乡村规划编制经历了启蒙、初探、变革、反思、回归等五个阶段，逐步开始向理性回归。随着"乡村振兴"战略的深入实施，叠加国土空间规划体系建构的推力，乡村规划迎来了多规合一实用期、量化落地实施期、规划动态伴行期的"三期叠加"发展新常态，乡村规划师开始深刻反思乡村地区的深层次矛盾和多维度的编制诉求，逐步探索新时代背景下"规划引领发展"的新范式。

（一）乡村规划诉求

村庄规划作为落实乡村振兴战略、指导乡村建设的实施性规划，核心是要破解农村发展不平衡、不充分的问题，促进城乡要素之间的流通。但长期的城市中心论的思维方式，以及从中心村规划、社会主义新农村规划、农村社区规划到美丽乡村规划这些"运动式""应急式"的乡村规划编制老路，短期成效的政治诉求往往取代了乡村发展的客观规律，使我国的乡村发展与规划未曾真正从乡村本体的角度自下而上地进行整体性的考量，导致底层农民和基层组织的诸多诉求得不到重视和响应，降低了规划引领功能，影响了规划成果的落地性，甚至在某种程度上延滞了乡村发展。

因此，乡村规划应从分析乡村诉求出发，结合国家的政策导向，把村民、村庄基层组织、乡村建设参与者等方面的各类诉求识别并挖掘出来，通过去伪存真、去粗取精的筛选整合，形成"问题 + 需求"双导向的规划思路。

（二）诉求维度梳理

村庄有各式各样的发展诉求，且其诉求也始终处于动态变化之中。总体来看，这些诉求可以归结为功能、形式、情感等几个方面。从功能诉求看，主要包括传承文化、振兴产业、善治乡村等；从形式诉求看，主要包括简化表达、简明易懂、好用管用等；从情感诉求看，则主要包括贴近村情、公众参与、伴行服务等。因此，这三大维度规划诉求的深入研判与精准识别，需结合对时代背景及政策要求的解读、对规划变革及技术工具的辨识，提取关键因子并转化成规划语言，并确保主要诉求得到有效的响应（图3.1）。

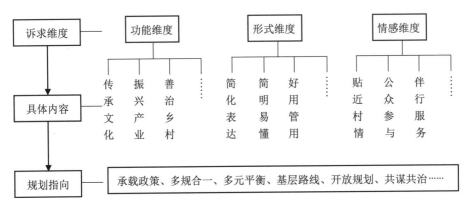

图 3.1　乡村规划诉求维度

二、规划诉求提取

乡村振兴到底有哪些诉求需要在规划中做出响应？这些诉求需要在多大程度上做出规划响应？这是动手编制规划之前需要回答的前置性问题，也是新时代"发展研究前移、规划重心下沉、建设管理精细"的高质量发展新要求。因此，这里从时代变革演进、城乡关系转变以及国土空间规划体系建立等方面，系统梳理乡村振兴规划所面临的内外环境、形势政策、主要问题及村庄内在动力等，并从理念、政策、技术、利益、治理等五大方面全面考察乡村振兴的规划诉求。

（一）理念诉求："规划转型"的乡村振兴战略

40年来的乡村规划探索，是个褒贬难辨、得失并存的艰难历程，也是摸着石头过河的荆棘在途，期间多有迷茫、纠结和波折。2017年提出乡村振兴战略后，开始系统反思传统乡村规划理念和方法的科学性和可行性，适应行业变革和规划转型的新时代要求，逐步转向"求真务实、整合资源、落地可行"的规划理念，实行"精准规划、存量规划、行动规划"，务求规划实效。

1. 精准规划："对症施策"的规划取向

相比城市规划，村庄规划通常面临编制时间短、编制费用低、编制人员少等诸多限制，这种情况下村庄规划不可能面面俱到，不可能解决所有问题。如何快速聚焦，引导有限投入集中到 20% 的关键领域，成为村庄规划创新的重要使命。在投入有限、目标有限的客观条件约束下，要编制直面实施的村庄规划，做到"对症施策"，就必须聚焦特色、精准发力，以差异化引导为核心策略，并将精准规划贯穿到乡村振兴规划的全过程，从根本上适应村民自治的特色要求，从而确保以发展要素短缺为特点的乡村地区能够有重点、有步骤、各具特色地稳步实现全面振兴和持续发展。

以精准规划为出发点的乡村振兴规划首先要进行"五大转变"，即在调研阶段由进村入社向进社入户转变、规划阶段由面面俱到向聚焦特色转变、成果阶段由复杂文本向简化表达转变、实施阶段由蓝图指导向驻村指导转变、反馈阶段由评估调整向动态维护转变，做到精准调研、精准定位、精准表达、精准指导、精准维护，最终实现"五个精准"贯穿引领乡村振兴规划。

2. 存量规划："增存并举"的规划方向

进入发展新时代后，城镇发展从追求高速扩张发展转为追求高质量发展，城镇化模式也由增量时代转向存量时代。过去城乡的无序扩张，透支了城乡未来的发展空间，造成了本轮国土空间规划中增量城乡建设用地指标紧张，特别是广大乡村面临无地可用的局面。因此，"亮剑"闲置资源，盘活乡村存量建设用地，以"增存并举、盘活存量、用好流量"为思路，通过对低效、闲置、零散的存量建设用地"减量"，为城乡发展腾挪流量指标，是保障乡村发展空间的关键所在。

目前，在增量时代已经积累了相当"资本"的广大乡村地区，处在增量存量并举的十字路口，在乡村振兴过程中应选择更为匹配自身实情、更为集约节约的更新路径。通过图斑比对、乡村核查等方式，摸排各类存量空间资源，盘活村集体资产以及驻村民营企业存量土地，挖掘存量设施资源和景观资源，以应对全国新增乡村建设用地、新增乡村各类设施持续减少的时代要求。

3. 行动规划："直面实施"的规划指向

以党的十九大"乡村振兴战略"及习近平总书记关于"三农"工作的重要论述

为指导,2018年2月5日中共中央、国务院印发《乡村振兴战略规划(2018—2022年)》,部署了一系列重大工程、重大计划、重大行动。这是我国出台的第一个全面推进乡村振兴战略的五年规划,是统筹谋划和科学推进乡村振兴战略这篇大文章的行动纲领。规划发布后,从省市到县乡村,开始制定各级地方的目标体系,以重大工程为抓手,以重大计划落实战略目标,以重大行动落实项目,实现乡村振兴总目标。

在此背景下,乡村振兴规划不同于以往的村庄规划,其核心是为村庄建设搭建实施平台,确保规划的操作性与落地性。那么,直面实施的首要前提就是要精准规划,通过全面的乡村大体检,找准村庄发展的痛点,结合现状、规划、建设的数据清单,搭建建设实施平台,将近期建设目标转化为具体项目库,以项目清单推动近期规划实施,实现村庄治理能力的有效提升。

(二)政策诉求:"互融共进"的新型城乡关系

随着国土空间规划体系和乡村振兴战略的推进,一系列有利于规划落地的乡村政策陆续出台,叠合中央、地方之前出台的诸多涉农政策措施,形成了乡村振兴领域的政策保障体系。这些政策将涉及城乡建设用地增减挂钩、乡村用地布局及机动指标使用、农业补贴、农村发展政策等,这些政策为新型城乡关系建构提供了根本保障,也对乡村规划师提出了新的指引和要求。

1. 发展资本:多元资本进入

拓宽渠道、放宽政策,鼓励多元资本进入乡村发展领域,缓解乡村建设的资金压力,是乡村振兴的重要方面。通过政策设计、规划引导等方式,用足《社会资本投资农业农村指引》(2021年)等相关政策,遏制农业投资下滑态势,引入建筑师、设计师、艺术家、文艺青年下乡安"窝",引导私企、国资、外资等各类资本财团流进乡村,鼓励各类社会资本投向农村建设,引导其参与农村公益性基础设施建设,鼓励和引导工商资本在农业产业、农业农村服务业、农业农村基础设施建设、农业科技创新等方面加大投入,构建乡村振兴多元投入格局。

2. 土地改革:激活乡村资源

土地作为农村改革发展最为基础和根本的要素,也是乡村振兴需要考虑的重点问题。大力推动农村"三块地"改革,抓好以"农村土地转用、征收与使用权出让补偿标准,农村集体经营性建设用地使用权出让规则,宅基地审批权限"为重点的试点工作,通过加快土地流转,释放土地资源活力及富余劳动力,推动"三产融合"

发展，这是深入推进"三变"改革的重中之重，也是本轮乡村振兴规划中需要重点考虑的问题。

3. 职业农民：壮大乡建队伍

"三农"是小康社会建设最突出的短板，而"三农"最核心的限制要素就是农民。如何培训现代新型职业农民，着力壮大乡村建设和发展的队伍，是乡村振兴的难点。通过农民职业化，就地培养更多爱农业、懂技术、善经营的新型职业农民，将传统农民转变为新型职业农民，凸显其在农村农业转型升级中的中坚作用，是破解"三农"问题的重要举措；同时，通过教育体制改革、涉农人才政策配套、以工哺农政策设计等方法，积极培育外来的职业型农民，补充、提升现有农民在数量和质量方面的不足。借助规划工具，嫁接及承载国家的各项相关政策，大力发展生产经营型、专业技能型和社会服务型的职业农民，绘制"以人为本"的乡村规划蓝图。

（三）技术诉求："多规合一"实用性村庄规划

2019 年初，中央农办、农业农村部、自然资源部、国家发展改革委、财政部等五部门联合发布《关于统筹推进村庄规划工作的意见》（以下简称《意见》），明确了不规划不建设、不规划不投入的村庄规划总原则，要求以习近平新时代中国特色社会主义思想为指引，牢固树立新发展理念，按照"产业兴旺、生态宜居、乡风文明、治理有效、生活富裕"的总要求，深入学习浙江实施"千村示范、万村整治"工程以规划先行的经验，坚持县域一盘棋，推动各类规划在村域层面"多规合一"；2019 年 3 月 8 日，习近平总书记明确提出要按照先规划后建设的原则，编制"多规合一"的实用性村庄规划，这为村庄规划的进一步发展完善明确了方向。

1. 国土空间背景下村庄规划："多规合一"的规划诉求

村庄空间尺度较小，无需编制多种类型的规划，更多的是如何促进规划落地实施。目前，村级土地利用规划、村庄规划、村庄建设规划、美丽乡村建设规划等多规共存的情况较常见，其本质都是在村域空间尺度所做的空间规划或发展规划；而村域空间尺度普遍都较小，在小空间尺度编制多种规划，是一种资源浪费。因此，相比开展多年的市县级"多规合一"工作，村庄规划更需要"多规合一"。

从严格意义上讲，村庄层面多个规划并存现象并不常见，许多要求都是上位规划传导至村庄的，如土地利用总体规划更多是从县镇尺度层面进行的规划，并未对村庄进行详细的管控，即使近年开展的村土地利用规划编制工作也只是在少量村庄开展试点，尚未全面铺开。从建设实际看，村级的规划管理和建设管理大多处于空白或忽略状态，项目建设相对随意，规划约束力不强。村庄建设往往受市县相关部门规划或相关政策的影响较大，这些部门规划或行业政策的衔接不畅，往往造成村庄建设的重复性和随意性。

因此，在国土空间规划背景下，要坚持村庄全域管控和底线思维，统筹考虑村庄定位、发展目标、生态保护修复、耕地和永久基本农田保护、历史文化传承与保护、基础设施和基本公共服务设施布局、产业发展空间、农村住房布局、村庄安全及近期实施项目方面的深度融合，用足用好增减挂钩、集体经营性建设用地入市等政策，理顺用地潜力与用地需求的关系，在村域尺度实现真正的"多规合一"，为村庄层面的"多审合一"提供规划保障。

2. 乡村振兴战略下村庄规划："实用性"的规划诉求

2019 年 5 月 31 日，自然资源部发布《关于加强村庄规划促进乡村振兴的通知》：要求力争到 2020 年底，结合国土空间规划编制，在县域层面基本完成村庄布局工作，有条件、有需求的村庄应编尽编；要整合村土地利用规划、村庄建设规划等乡村规划，实现土地利用规划、城乡规划等有机融合，编制"多规合一"的实用性村庄规划；根据村庄定位和国土空间开发保护的实际需要，编制能用、管用、好用的实用性村庄规划；规划成果要吸引人、看得懂、记得住，能落地、好监督，鼓励采用"前图后则"（即规划图表 + 管制规则）的成果表达形式。

传统的村庄规划大多套用城市规划的技术思路和方法，普遍侧重空间布局安排以及建筑形态设计等问题，这就导致村庄规划图愈发美观，但图纸上的预期效果距离转变为现实仍十分遥远。其根本原因是传统的村庄规划缺少了乡村管理的功能，未能将乡村管理中较为核心的土地管理、建设管理、组织管理等深度融合到村庄规划成果中。因此，新时代的乡村振兴规划中，应紧紧围绕"多规合一、实用型、简化表达"三个关键词，一是在规划中制定分类标准体系，运用"三调"底图基数，完善"三生三线"内容；二是做到三个符合：符合实际、符合财政、符合诉求；三是做到成果的简化表达、内容的简化表达。

3. 新型城乡关系中的村庄规划："分类施策"的规划诉求

按照农规发〔2019〕1 号文、自然资办发〔2019〕35 号文要求，根据村庄定位和国土空间开发保护的实际需要，分不同情况和不同类型，编制能用、管用、好用的实用性村庄规划。对于重点发展或需要进行较多开发建设、修复整治的村庄，编制实用的综合性规划；对于不进行开发建设或只进行简单的人居环境整治的村庄，可只规定国土空间用途管制规则、建设管控和人居环境整治要求作为村庄规划；对于紧邻城镇开发边界的村庄，可与城镇开发边界内的城镇建设用地统一编制详细规划。各地结合实际，在《关于统筹推进村庄规划工作的意见》（农规发〔2019〕1号）的村庄类型基础上，合理划分村庄类型，探索符合地方实际的规划方法。

传统的村庄规划往往面面俱到，力图解决村庄发展的全部问题。但就目前的实施效果来看，由于对于村庄的独特优势及核心问题凸显不够，同时对于非必要问题往往做过多的阐释反而影响和误导了规划的实施。因此，要合理划分村庄类型，抓住各类型村庄的主要问题和规划方向，聚焦重点、有所为有所不为，编制内容深嵌详略得当，不能"千篇一律搞规划"，也不能"贪大求全搞规划"。

（四）利益诉求："多元平衡"的利益协调机制

乡村规划作为乡村领域的公共政策工具，要起到"矛盾调和、利益调节、发展调控"的作用，统筹兼顾政府、村民等直接利益方和投资、施工等间接利益方的各种诉求，在理想和现实之间寻找一条最佳的规划路径。

1. 三大类直接利益方诉求
（1）委托方诉求：易用
一般情况，乡镇人民政府作为规划编制主体组织乡村规划编制工作，往往面临权限有限、事务繁琐、经费缺乏以及专业管理人员缺乏等问题。因此，委托方一般要求编制单位拿出实用、好用、易用的规划成果，并能全程辅助村镇工作人员特别是审批管理者指导规划成果落地。

（2）使用者诉求：易懂
面对乡村规划晦涩难懂的专业术语，乡村领导者与广大村民群众难以理解、无法使用，最终导致规划的指导性较弱。因此针对广大村民群众，乡村振兴规划应将专业语言转译为通俗语言，使乡村领导者与村民可充分识别、领悟规划意图，并按照规划进行乡村建设发展。

（3）管理方需求：易管
乡村规划的管理方往往包括县级规划主管部门、镇级规划建设实施管理部门等，他们往往从规划管理的角度出发，较为关注对用地管理、工程管理以及风貌治理等。这就需要规划师站在乡村建设规划许可和引导的角度，列明相关的管控要求和引导手段，以便于日常管控，保证村庄建设和发展不走形、不变样（图3.2）。

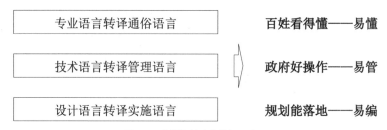

图 3.2　乡村规划内容转译示意图

2. 三大相关利益方诉求

（1）设计方：项目情怀被认同

乡村规划师往往倾向于通过炫彩的图面表现、晦涩的语言表达来体现规划师权威，以削弱因项目体量小、利益协调难、成果落地难以及领导重视不够等原因造成的被认可度低的负面情绪。因此，在角色定位、规划权威等方面应给予规划师足够的尊重，引导其更好地投入精力、服务乡村。

（2）投资方：项目投入能收益

应给出切实可行的重点产业项目，为村庄近期产业发展提供有力抓手；采取清单方式，列举近期各类公益性设施项目、农业农村服务项目、农业科技创新项目等，并明确各类政策资金和效益估算，指明投资收益的方向和途径。

（3）施工方：规划留白好协调

乡村规划往往受到认知影响，无法准确预测未来的建设方案及施工实践中可能遇到的问题。为避免规划对建设施工的束缚，村庄规划应秉承"该管的管到位，该放的彻底放"的原则，粗细适宜、适度留白，为后期的项目落地和建设施工留出一定空间。

（五）治理诉求——"和谐善治"的现代乡村治理体系

2019 年 7 月，国家六部门在《关于开展乡村治理体系建设试点示范工作的通知》中明确提出，促进乡村全面振兴，必须夯实乡村治理这个根基。随着我国经济社会发展和工业化、信息化、城镇化加快推进，城乡利益格局深刻调整，农村社会结构深刻变动，农民思想观念深刻变化，农民诉求日趋多样，迫切需要加强乡村治理体系建设，在乡村治理的理念、主体、方式、范围、重点等方面进一步创新、调整和完善。因此，以解决复杂矛盾、应对多变环境、创新治理模式为主的乡村治理诉求，成为乡村规划编制过程中考虑的重点内容之一。

1. 解决复杂矛盾：规划博弈

随着市场经济的快速发展，乡村自给自足自然经济快速解体，政府以权力介入催生乡村外放型发展，这与传统的内生型发展模式产生了冲突，出现了权力博弈、文化博弈、角色博弈、道路博弈等问题，亟需重构生态治理体系。因此，针对当下乡村管理中出现的阶层博弈、派系竞争、两委对局以及村镇两级之间的诸多分歧，在顶层设计阶段，应重视建构产业聚合、城乡互荣、阶层融入、和谐共生的乡村治理业态，通过软性规划的方式，促进"产业兴旺、生态宜居、乡风文明、治理有效、生活富裕"的乡村振兴治理目标的实现。

2. 应对多变环境：规划留白

建立规划"留白"机制，对暂时没有想清楚、看明白的地方，实行留白，为未来发展留出空间，应对乡村发展的不确定性，增强规划的弹性。从空间留白、指标留白、产业留白、资金留白等各个方面深入探索规划"留白"机制，为各地村民居住、农村公共公益设施、零星分散的乡村文旅设施及农村新产业新业态发展留出更多的可能性。

3. 创新治理模式：规划善治

探索理顺乡村产权与治权关系、促进农村新型集体经济发展、多元化解农村矛盾纠纷、激发乡村发展活力等方面的有效途径。探索实施村级国土空间监测预警机制，建立以国土空间规划为基础、以统一用途管制为手段的乡村级国土空间开发保护制度。在规划成果里要体现治理方案，聚焦本地区乡村治理的重点问题、关键环节，明确乡村治理的思路、模式、内容以及预期效果、保障措施等。

三、规划诉求表达

面对长期"被忽视"与骤然"被重视"的双重压力，广大乡村地区应如何编制科学实用、行之有效的乡村振兴规划成果，以及采取何种表达方式和外显形式，以更好地应承上位规划部署、满足基层治理诉求，是规划编制工作亟需解决的问题。

随着"乡村振兴"、农村"三变"改革、农村"三权分置"等一系列政策的出台，结合建立国土空间规划体系的最新要求，构建"清单式、定量化、善治型"的乡村规划方法，形成"六化"表达方式，以实现"接得上、把得准、落得实、看得懂、用得顺以及管得住"的乡村规划目标。

（一）接得上：规划体系"传导化"

体现国土空间规划体系下的规划传导与管控，以村庄单元为管理载体，向上承接镇级国土空间总体规划的目标指标与空间管控要求，逐一分解落实到村社及坊巷层面，引导地块层面的初步设计与项目建设。同时，将风貌整治与村庄设计纳入规划实施管理体系，将传统规划平面空间上的约束与底线，扩展为三维空间的质量与绩效，在底线管控思维之上体现品质乡村的规划思路。

（二）把得准：规划过程"赤脚化"

聚焦村庄发展的特色优势与核心问题，重心下沉、贴近乡土、问政于民，借助大数据分析手段，在"赤脚化"调研的基础上精准把脉村庄发展的核心问题，找准乡村建设的主要方向，通过"一村一单、一村一策"等形式，有所为有所不为地精准施策，务实推进乡村振兴规划的编制工作。

（三）落得实：规划方法"清单化"

搭建乡村规划建设数据平台，融入市县"一张图"编管体系，严格把控底线，积极挖潜存量，激活各类土地、设施等资源的活力。变长篇大论为清单列表，把建设工作转化为实施表单，精准对接涉农政策，精心策划项目抓手，对相关规划内容进行量化表达、细化安排与精确落位，形成"清单式、动态化、陪伴式"的简化表达模式，重点加强行动规划与近期实施内容的引导。

（四）看得懂：规划形式"手册化"

按照"简明易懂、概念清晰、实用管用"的要求，针对村庄规划涉及的管理人和使用主体，通过对规划语言的转译、文本语言的转译以及图纸语言的转译，形成图文并茂、指代清晰、易于理解的实施手册，以方便各类使用者均能快速获取、准确理解规划内容。

（五）用得顺：规划实施"陪伴化"

实行"动态规划"与"动态评估"，实现从规划先行到规划伴行的转变，全程服务乡村振兴。乡村规划师应做到"重心下移、服务后延"，主动加强对所规划乡村的服务，寓规划管理于服务之中，及时了解各乡村的规划需求和规划执行情况，对重大建设项目和招商引资项目实行规划先期介入和跟踪服务制度，任何时候有任何问题，均可以提供咨询，指导规划的具体实施，有效推进规划各项工作的规范、高效开展。

（六）管得住：规划管理"善治化"

追求善治与善政的统一，是乡村规划实施管理改革的主要方向，也是建立乡村现代治理体系的总体目标。因此，需要通过乡村规划顶层设计，明确长远的目标和改革成效的评价标准，进一步明确管控事项、审批流程等，特别是对农民建房、集体建厂、土地流转以及闲置空间再利用等核心问题，给出较为明确的规划引导，并通过建立健全"规划指标引导＋乡村规划许可＋正负清单管理"的管控机制，力促规划成果的落地。建立"服务人民对美好生活的追求，实现规划治理现代化的目标，践行'放管服'优化服务的要求"三位一体的乡村治理体制，并从管理结构、运行机制、工作方法和外部协调等四个方面设计治理方案，确保乡村规划管理的善治与效率（图3.3）。

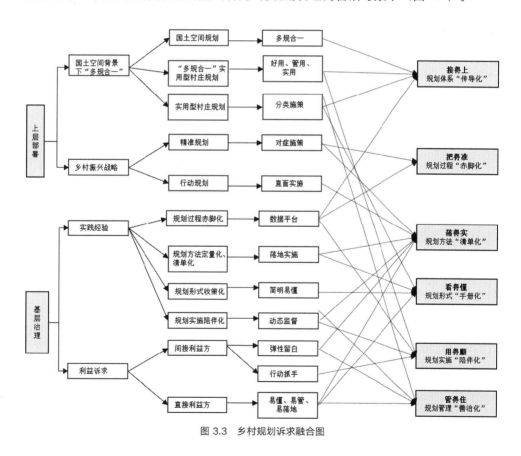

图 3.3　乡村规划诉求融合图

第二篇

思路与方法

第四章　编制思路

按照贝塔朗菲（L.V.Bertalanffy）的定义，系统是"相互作用的多要素的复合体"，乡村也是一个完整的、地域性的生产生活系统。相对于城市聚落，传统的生活状态、自发的社会组织、朴素的价值观念、独特的地域文化和不可复制的历史变迁都渗入乡村空间组织模式和文化表征中。所以，针对乡村这一多要素系统，规划编制的具体思路、内容体系、技术路线等，应该具有延续性、质朴性和时代性。特别是近些年来，乡村地位和城乡关系都发生了新的变化，在考虑技术思路时候，更需从"多规合一、城乡融合"的角度出发编制实用、管用、好用的乡村规划。

一、编制出发点

乡村振兴规划的出发点，是为了让亿万农民生活得更美好。因此，乡村规划编制要围绕农民群众最关心的现实利益问题，加快补齐民生短板、加速促进城乡融合、加大乡村治理变革，让亿万农民有更多实实在在的获得感、幸福感、安全感。具体而言，需要面对村庄的复杂性与多样性，以"实施导向、编以致用"为目标，以紧紧围绕乡村面临的现实问题、发展诉求以及政策背景，构建"问题—编制、诉求—编制、政策—编制"三对匹配关系，通过现实问题的回应、规划诉求的响应、乡村政策的呼应，提出实施导向下乡村振兴规划的编制思路。

（一）回应问题

识别、梳理以及评估乡村振兴过程中纷繁复杂、多变不定的诸多现实问题，并以此为基础深入思考解决问题的对策与节奏，是开展乡村振兴规划编制工作的重中之重。而目前各地规划编制过程中，普遍存在"轻调研、轻差异、轻实施、轻治理"四大问题，个别规划团队甚至"对图作战、速战速决"，对实际情况和百姓诉求知之甚少甚浅。针对这些问题，结合规划实践和建设实效的反思，从务实调研、分类辨析、实施导向、驻点辅导等方面提出解决对策，详见表4.1。

"问题—编制"匹配关系表　　表 4.1

规划问题	规划解决思路
轻调研	务实调研：重心下沉、进社入户、访谈座谈、质性调研
轻差异	分类辨析：明确归类、区分辨析、分类施策、差异表达
轻实施	实施导向：用足存量、增强弹性、关注落地、"一张图"管理
轻治理	驻点辅导：革新治理模式、提升治理水平、驻点跟踪服务

（二）响应诉求

有效识别并科学评估乡村振兴的规划诉求，并基于此思考满足诉求的方式方法，是开展乡村振兴规划编制工作的重要前提。考虑到乡村规划中"诉求—编制"的匹配模式是一个复杂的体系，需要从目标确定、诉求提取、编制转译、方向引导四个方面来进行构建。其中，目标确定是乡村规划编制变革与创新的前提，需要在目标确定的基础上对规划诉求进行辨识、提取、融合，并将各方诉求转换为编制语言，为新时代乡村振兴规划编制的转型提供方向性的引导（图 4.1）。

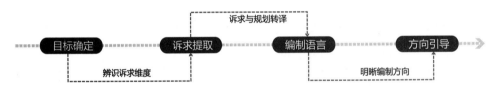

图 4.1　"诉求—编制"匹配关系图

同时，围绕多规合一实用性村庄规划要求，结合第三章对乡村规划诉求的提取，可知在编制过程中应重点朝着"接得上、把得准、落得实、看得懂、用得顺、管得住"的六大诉求，分别给出可操作的编制对策，形成"分类引导、聚焦特色、直面实施"的鲜明导向（表 4.2）。

"诉求—编制"匹配关系表　　表 4.2

规划诉求	编制要求与对策
接得上	承接传导、多规合一、一张蓝图
把得准	深入调研、分类编制、多方参与
落得实	数据平台、底线把控、挖潜存量

续表

规划诉求	编制要求与对策
看得懂	简化表达、直观易懂、多元成果
用得顺	动态评估、弹性留白、跟踪服务
管得住	善治善政、管理表单、治理效率

（三）呼应政策

深入解读国家提出的乡村振兴战略，深度挖掘中央、省市关于新时代农业农村政策，用好用足乡村振兴的各项政策，提升乡村规划的政策"含金量"，增强乡村规划实施的"落地性"。具体而言，需在充分吃透土地、产业、人口、设施、环境以及城乡融合等各项政策的基础上，开展规划编制工作，并在规划的全过程融入乡村振兴的政策内容，再通过空间分期、项目策划、建设清单等形式承载政策，确实形成"公共政策、经济社会、空间形态"三位一体的规划成果。相关政策要点略见表4.3。

"政策—编制"匹配关系表 表4.3

发展政策	编制要求
土地改革政策	充分结合"三权分置、征收占补、以租代征以及集体建设用地入市"等各类农村土地政策，激活土地要素，提升土地产出效益和抗风险能力
产业发展政策	紧密围绕"农村产业结构、农村产业组织、农村产业技术和农村产业贸易"等各类政策，灵活运用经济手段，促进资本向农村农业集中
设施支持政策	按照城乡一体化的公共财政要求，实现城乡基本公共服务的均等化，充分挖潜，利用各类存量设施，多方解决农村基础设施有效供给不足问题
环境整治政策	充分整合农村人居环境整治的各项财政政策、经济政策、技术政策等，各有侧重地持续推进农村"高品质生活"
富民惠民政策	结合党中央、国务院和各省市的富民惠民政策，重视"乡贤能人、职业农民、返乡创业者"等人员的核心引领作用
城乡融合政策	深入解读"城乡融合发展体制机制和政策体系"，从促进各类要素更多向乡村流动、加快补齐乡村发展短板、设立试验区先行先试等方面，做足文章
乡村治理政策	全面梳理乡村治理的政策重点，科学找准乡村治理的政策走向，积极探索乡村社会治理的有效机制，提升乡村的组织活力和自治能力

二、编制思路

科学可行的编制思路，是成果质量的根本保障，也是成果落地的基本前提。村庄规划的编制要按照"多规合一"的工作要求，以"整体减量，局部增量"和"缩减自然村、拆除空心村、改造城中村、搬迁高山村、保护文化村、培育中心村"为主导思想和工作思路，坚持"应编尽编，全域管控；保护优先，节约集约；分类指引，刚弹结合；驻村规划，村民主体；因地制宜，突出特色；聚焦重点，务实规划"，科学有序推进村庄规划编制工作。

重点落实"倡导式规划、实用性规划"的编制要求，围绕"提升群众获得感、幸福感，提质乡村宜业性、宜居性，提高城乡融合度、协调度"的规划指向，确立"五大转变"的规划编制思路，助力实现"产业兴旺、生态宜居、乡风文明、治理有效、生活富裕"的最终目标。

（一）"增量规划"向"存量规划"转变

1. 增量规划与存量规划

增量规划与存量规划是相对而言的概念，是城乡规划在不同发展阶段针对城乡空间发展的两种手段。其中增量规划是针对空间扩张的空间规划，而存量规划是针对空间优化的空间规划。

（1）增量规划

是指以新增建设用地为对象、基于空间扩张为主的规划，常见的类型有新区新城规划、产业园扩容规划、特别功能区规划等。增量规划基本由政府主导，充分体现执政者的意志，产权单一且利益关系相对简单。受高速发展浪潮影响，过去四十年的村庄规划基本都是以粗放式建房为主导的"增量规划"，往往形成村庄居民点蔓延、一户多宅、户宅占地大、乡村工矿及仓储设施凌乱散布等现象比较普遍；而另一方面，不断拓展村庄建设用地，导致多数村庄闲置用地、废弃用地、低效用地相对较多，不利于村庄的集约高效和可持续发展。

（2）存量规划

存量规划指通过更新、改造、再利用等手段促进建成区功能优化调整的规划，常见的类型包括旧城更新、街区改造、土地整备、拆迁安置以及闲置建筑再利用等。存量规划涉及的权利关系复杂多样，需要探索政府、社区和市场主体共同参与、兼顾各方利益、上下互动的协商式规划方法。在高质量发展的新时代，结合广大乡村空心化、闲置化的实际，应充分梳理、挖掘村庄的闲置用地、闲置设施、闲置景观等诸多闲置或低效资源，并通过资源资产化的手段实现存量规划甚至减量规划。

2. 乡村存量规划

有专家指出："只要农村不拆除，村庄规划就一定是存量规划。" 近10年来，我国大部分农村都是以存量状态缓慢发展的，基本没有新建、翻建或村庄扩容的需求，多是围绕"人居环境整治、村容村貌提升、危旧房屋修缮以及撂荒农地复耕"等内容开展乡村建设工作。未来，随着城镇化进程趋稳、乡村用地收紧以及农村老龄化加剧，乡村新增用地需求会进一步降低，村庄建设空间总体上呈现收缩态势，村庄规划将由传统增量扩张转向存量挖潜。因此，如何系统梳理村庄存量资源，如何科学评估村庄存量资源，如何实现村庄存量资源资产化以及赓续利用等，将成为新时期村庄规划的重点。

具体而言，乡村振兴规划应按照"留、改、撤"的思路，因村施策、宜留则留、应撤则并，通过"微更新、轻改造、重提质"的措施，避免大拆大建、保留乡土遗存。在做法上，首先是推进旧村改造，一定程度缓解多方要求；其次挖掘产业潜力，盘活产业用地，加强村庄自我造血能力；再次，要梳理整合村庄闲置的各类设施资源，促进各类设施的再利用；最后，全面梳理村庄各类文化资源、废弃景观资源等，挖掘文化基因并致力于村落保护，融贯形成本村独特的景观元素，实现景观提质。此外，注重人才队伍建设，整合村庄能工巧匠和乡贤乡绅等现有人才资源，搭建乡村振兴共建平台，提升干部与乡贤的集体行动能力，聚力推动乡村活力再造。最后，注重激活村庄制度活力，用足用活各项涉农政策，探索建构适应各地特征的现代乡村治理体系。

因此，在乡村振兴阶段，重点通过空心村整理、乡村文化梳理、产业用地挖掘、闲置设施再利用、废弃景观再改造等手段，促进村庄潜力盘活、村庄价值发掘、村庄功能优化以及人居环境改善、空间品质提升等，推动村庄规划由粗放式建房主导的"增量规划"转向精细化旧村更新的"存量规划"，实现乡村建设由量的扩张向质的提升转变。

在此，需要说明的是，乡村整体转向"存量规划"甚至"减量规划"，并不代表所有的村庄都按照存量规划或减量规划来做，对于发展条件好、集聚能力强、特色优势明显的提升类村庄，仍可以采取增存并举的方法，为村庄的高质量发展与全面振兴提供空间支撑与政策支持。

（二）"形态设计"向"直面实施"转变

从"工程绘图员"向"利益协调人"的过渡，是乡村规划师以"实用、好用、管用"为规划宗旨，实现从传统"形态设计"转向未来"落地规划"的必经之路，也是国土空间规划体系建立背景下乡村规划师角色转变的重要方面。

1."直面实施"的概念内涵

直面实施的村庄规划，要求以落地实施为指挥棒，力求"对症施策"，做到"精准发力"，确保"能用管用"，并能较好地适应村民自治、村级财政薄弱、村民关系复杂等乡村的特殊性。在有限的规划目标和规划时效下，通过聚焦和挖掘村庄的特色，识别村庄发展的基础性需求和提升性需求，对规划内容进行差异化引导。最终在乡村现代治理体系语境下，通过基层治理、村民参与、多方协调，凝聚规划共识，并借助"村民村约、规划简报、振兴导图"等简洁、易懂的表达形式约束规划实施与建设行为，促进乡村高质量振兴与可持续发展。

2."直面实施"的具体做法

在国土空间规划体系中，村庄规划作为城镇开发边界外的法定性详细规划，是最具操作性和实施性的规划，是指导村庄发展和建设的基本依据。因此，作为乡村振兴的先决条件，实用性村庄规划应从深化调研、强化治理、细化清单、量化留白等方面做实做细。

（1）深化现状调研

摒弃"走马观花＋空谈阔论"的调研模式，运用进组入户、赤脚调研、访谈座谈的方式，针对各地乡村实际，以解决复杂问题、满足现实需求为根本进行详调，扎扎实实摸清各乡村的真实家底。通过村庄的全面大体检，一方面建立乡村基础情况的数据平台，为全域空间规划提供数据支撑，并与上层级国土空间规划进行对接；另一方面精准掌握村庄用地情况及各类设施闲置情况，推进存量用地挖潜与低效用地提质规划，开展闲置设施及景观的改造利用规划。

（2）细化定量清单

村庄规划是小空间尺度的详细规划，要注重针对性和特色性，做到定性与定量相结合，实现内容体系与清单表达互为支撑。为了解决规划成果落地难的困境，重点对村庄建设内容进行量化表达，明确关键指标数据，并策划成包括建设清单、整治清单、产业清单、生态清单等类型在内的项目清单，形成可包装、可实施、可考核的清单体系。同时，根据建设时序安排，亦可考虑近期方案的行动清单和远期建设的弹性清单，形成"远近结合、滚动发展"的动态规划成果。

（3）强化治理功能

传统的村庄规划大多套用城市规划的技术思路和方法，普遍侧重空间布局安排以及建筑形态设计等方面，在图纸表达、成果装订等方面注重美观、华丽，但忽视了图纸与现实的差异，也忽视了蓝图实现路径与措施。究其原因，传统村庄规划缺少对乡村治理的考量，未能将土地管理、建设管理、产业组织等乡村管理的关键内容深度融合到村庄规划成果中，也未能充分调动广大村民协同管理的积极性。因此，在乡村振兴背景下，村庄规划既要具备规划设计功能，描绘村庄发展蓝图，也要融入乡村治理功能，注重编管结合。

（4）量化弹性留白

规划留弹性主要从规划编制和规划管理两个方面入手。首先，规划编制要根据村庄的诉求与特色，弹性选择内容体系和编制重点，并对现状遗存问题、未来发展问题给出弹性的解决对策，结合国土开发适应性评价进行用地留白、产业留白、设施留白等。同时，对于重点村和中心村，可预留不超过规划总建设用地量5%的机动指标，未来主要用于村民居住、农村公共公益设施、零星分散的乡村文旅设施及农村新产业新业态等用地需求。通过"刚性约束、刚弹结合"的手法，在严格管控村庄用地的同时也为村庄提供更加灵活的空间。

（三）"一刀切"向"分类引导"转变

近年来，各地稳步推进村庄建设规划，各项工作取得积极成效。但村庄建设无规划、乱规划甚至被规划等问题仍时有发生，照搬照抄城市规划现象也未得到根本性改变。国家各项政策明确要求各地要在县（市）域乡村建设规划或县（市）域村庄布局规划的指导下，科学划定村庄类型，因地制宜、有序推进村庄规划编制工作，避免"一刀切"和"齐步走"。

1. 内容分类编制

由于村民需求分异、政府投资分异、市场范围分异等客观情况，需对村庄规划内容进行分类指导，以实现精准规划、精致建设、精细管理、精美呈现。目前，村庄规划大体可以分为基础性规划和提升性规划两大类。基础性规划重点在于改善村庄人居环境，对应村民的基础性需求、政府的公共产品领域、市场的村内需求领域；提升规划重点在于增强村庄内生发展动力，对应村民的提升性需求、政府的非公共产品领域、市场的村外需求领域。具体分类可依据国家、省市要求及乡村实际情况，在县（市）域层面进行统筹分类与科学引导。

对于类型差异大、发展前景极不明朗的村庄，要先做科学分析，切勿盲目开展村庄规划编制工作。尤其对于将要撤并或暂时保留现状的村庄，可以不再编制规划或编制相对简洁的规划。如针对人口规模较小，但短期仍将存在且不再有空间发展需求或潜力的村庄，可以只编制管理公约替代村庄规划，能满足其村庄管理实际需求即可。而对于发展需求或者文化保护较迫切的村庄，应优先编制村庄规划，且编制的内容要有侧重且较为详细，起到指引村庄发展和方便村庄管理的作用。

2. 成果精准表达

以使用对象为导向，遵循"政府用得顺、百姓看得懂、基层管得住"的规划理念，形成报批版、管理版、百姓版等多种成果表达形式。将专业化的规划内容及规划成果进行转译，简化规划成果、创新表达方式，构建针对性及操作性强的乡村振兴量化清单，形成一套百姓看得懂、政府好操作、规划能落位的"乡村振兴"规划成果，有力引导乡村振兴建设。

其中，报批版可按照地方规划编制导则要求，结合村庄资源特色和体系类型，扎实做好规划自选动作和规定动作，形成清单式表单、规范化条文、立体化展示的规划成果，方便政府管理、实施；百姓版则可围绕百姓"全程参与、深度合作"的规划理念，对其重点关注的规划建设项目、管控限制内容和规划设计说明等采用清单式表单、具象型图示（形象符号、单色定界、易懂漫画）、通俗化语言进行表达，帮助老百姓理解规划，使其更好地参与、配合规划的有序开展。

（四）"面面俱到"向"聚焦特色"转变

乡村规划要避免背负太多负担，要有所为有所不为，重点聚焦慢变量的要素，不应把所有快变量放到慢变量里。坚持因地制宜、突出地域特色，防止乡村建设"千村一面"，做出"一村一品"。因此，应在全面评估县域村庄发展条件和各自特色的基础上，分类确定规划重点，聚焦村庄现实需求并彰显村庄特色价值。

1. 分类确定规划重点

乡村规划不是编制得"越全越好、越深越好"，而是应根据各村特色和实施主体的不同，确定差异化的规划思路，在规划侧重、内容深度、表达形式等方面做出明显区分。按照"多规合一"的工作要求，坚持因地制宜、分类推进、聚焦重点、务实规划及从容建设，防止一哄而上、面面俱到、贪大求全。

对于未来要迁并村庄，应以农房整治、污垃工程整治等涉及安全类的规划内容为主；对于保留发展类村庄，除了安全整治、景观提升等基础性内容以外，以补齐短板和标定项目为主；积极发展类村庄，则应围绕特色要素挖掘、发展动力激活等，整合周边村庄资源，实现聚集发展；特色发展类村庄，应重点挖掘各类特色资源要素，侧重于历史文化保护规划、旅游发展规划、商贸物流规划等内容。

2. 聚焦村庄现实需求

村庄规划一般涉及产业、用地、交通、景观等子系统，规划内容经常显得庞杂，有眉毛胡子一把抓的嫌疑，往往导致百姓的现实需求和村庄发展的关键问题得不到很好的凸显。因此，高度重视发展以聚焦现实需求、解决村庄问题为特点的精准规划，确保以发展要素短缺为特点的乡村地区能够有重点、有步骤、有抓手地稳步实现全面振兴和持续发展，显得尤为重要。

具体而言，就是在有限的规划目标下，通过聚焦和挖掘村庄问题，识别村庄发展的基础性需求和提升性需求，对规划内容进行差异化引导，最终在村民自治的语境下，通过广泛的村民参与凝聚规划共识，通过"建设管理公约"等形式约束规划实施与建设行为，以促进村庄振兴与可持续发展。

3. 彰显村庄特色价值

冯骥才曾说："村落不是一个人的家园，它是整个中华民族的精神家园。保护传统村落，留住的不是个人的'乡愁'，而是整个中华民族的'乡愁'。"村庄的山水、人文、历史都是独一无二的乡愁记忆，乡村振兴必须建立在保留原有山水、人文风貌与历史格局的基础上，对其进行功能优化、服务升级。通过空间格局优化、人居环境整治、生活品质提升、人文意义重塑以及乡村风貌改造等措施，彰显村庄的特色价值，使"望得见山，看得见水，记得住乡愁"的美丽乡村释放出宜居、宜业、宜游的新动能。

（五）"规划指导"到"规划伴行"转变

《城乡规划法》明确规定，村庄规划的实施主体是村民，要充分调动广大村民的积极性、主动性，通过村集体组织百姓共同推动规划落地。

与此同时，建立动态评估与规划维护更新机制，开展"一年一体检、三年一评估、五年一调整"的常态化规划建设考评工作，形成"以评促建、以评促改、以评调优"

的良性机制。此外，建立乡村规划师和驻点规划师制度，强化规划师现场指导、驻场服务的能力，形成"驻村干部、设计人员、当地干部、村民百姓、投资运营"五类人员共促乡村振兴的良好局面。最后，通过县（市）的乡村数据中心、乡村革新平台，以及乡村发展基金、乡村用地流转平台等，创新乡村治理模式，全面助力当地乡村振兴。

三、编制理念

在"乡村振兴战略"和"国土空间规划体系"的双重背景下，乡村规划逐步回归理性，向着"实用性、行动型"方向转型。结合理论研究与实践探索，从"规划实效"的角度出发，坚持"从实践中来、到实践中去"的原则，回归"以人民为中心"的乡村治理的本源和常态，探索新时代下人地协同发展的新模式，创新"编以致用、以用导编、以编促建、编管结合"的编制理念，以助推乡村地区的全面振兴（图4.2）。

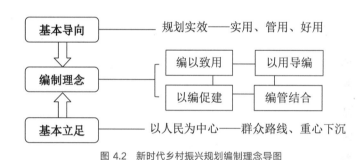

图 4.2　新时代乡村振兴规划编制理念导图

（一）编以致用

在当前全面推行乡村振兴战略和国土空间规划体系改革的大背景下，结合各地乡村发展的实际情况，编制切实可行的村庄规划显得尤为重要。因此，以编制"多规合一"实用性村庄规划为目标，提高村庄规划质量，增强规划成果的可实施性，探索"生态优先，高质量发展、高品质生活、高水平治理"乡村规划新理念，注重乡村生活质量与服务水平提升，确实发挥规划的导向作用，避免再次陷入"图上画画、墙上挂挂"的规划困境。

主要从三个方面实现编以致用的目标：提高开放性，多与村庄的各类建设主体进行沟通和协调，有效识别和响应各类诉求，并通过规划工具协调乡村振兴过程中可能出现的各类空间矛盾；提高可读性，即根据使用对象的差异性，变换规划的表达方式，便于不同使用者、管理者准确理解规划内容；提高灵活性，因地制宜、因村而异地确定规划侧重点、空间弹性度、政策涉及面以及实施进度表等，以便于规划落地。

（二）以用导编

实用性乡村规划突出"规划落地"这个核心目标，"实"是针对乡村实际，以解决问题、满足需求为根本进行规划；"用"是指能够操作和实施，最终达到规划目的、实现理想效果。但在以往多数乡村规划实践中，对村庄的认识仅停留在浅层次的物质层面，对农业农村农民未做深入分析，往往忽略了村庄自组织行为的复杂性和土地制度的特殊性，忽略了多样化实施主体的差异化需求，导致规划缺乏协调、引导不力和成果可读性差等问题，也说明了单一的自上而下式规划手法难以为继。

针对乡村的特点与需求，要下沉至乡村去充分了解乡村特征、倾听村民声音、审视发展问题，从而找准发展振兴的痛点，并选准规划的关注点。从基层村民的实际诉求和基层治理的变革需求出发，以规划落地和项目实施为导向，灵活地确定规划的内容、深度和表达方式，从而实现"以使用引导编制"的规划新范式。

（三）以编促建

2019年5月，自然资源部发布《关于加强村庄规划促进乡村振兴的通知》，要求力争到2020年底，结合国土空间规划编制，在县域层面基本完成村庄布局工作，有条件、有需求的村庄应编尽编。文件明确了多规合一实用性村庄规划在乡村振兴过程中的引领作用，指出了村庄规划"应编尽编"的重要意义。务实推进本轮乡村振兴规划编制工作，应通过以编促建、以编促改、以编促管，形成与新时代相适应的编建机制、编管机制，进而实现乡村领域的全面振兴。

（四）编管结合

针对当前实际工作中规划编制与实施管理之间缺乏衔接的弊端，结合编制体系变革和管理制度创新的新时代新要求，提出乡村地区规划"编管合一"相应策略，强调规划编制的时效性、落地性，探索分类编制、分级审批、分期实施的工作模式，建立面向实施的规划编制与管理体系，以促进规划编制管理体系的改革与完善。

具体而言，应适应国家统筹各类空间性规划并建立乡村治理体系的新时代要求，以规划落地与保障实施为立足点，坚持以管定编、相互衔接、编管合一的基本原则，整合协调各部门空间管控手段，绘制形成村域覆盖的一张蓝图；践行"规划伴行"理念，建立动态评估与规划维护更新机制，形成"评估—反馈—维护"的工作机制；探索形成具有各地特点的乡村振兴规划编制体系和管控体系，并建立与之相关的传导体系和政策建议，构建新的适应地方管理需求的乡村规划体系。

四、编制路径

乡村规划编制的技术路线在很大程度上影响着编制成果的质量。合理的技术路线可保证顺利实现既定乡村振兴目标，其合理性并不是技术路线的复杂性，而是围绕规划对象及各部分内容间的相互关系，进行简明扼要、行之有效的设计和表达。

一般而言，科学的技术路线需要围绕规划落地实施的目标，以规划编制为主线，清晰阐明工作流程、技术手段、具体步骤以及解决关键性问题的方法、顺序等。可采取流程图、树形图、结构图等，清晰明了地表达技术路线。

这里在反思中国各个时期乡村规划编制技术路径的基础上，将结合新时期乡村振兴工作的历史定位、阶段特征、现实困境等，落实"实用、好用、管用"的编制理念，提出多规合一实用性村庄规划编制的技术路线，如图4.3。制定"实施导向、多规合一、简化表达、编以致用"的总体目标，贯彻"目标导向、问题导向、实操导向"的三位一体的编制导向，开展现状与评价、规划与管控、成果与实施三大板块的内容编制，重点做好多元数据融合、发展现状评价、诉求提取、多规合一管控、发展要素规划、规划管理图则、近期行动计划等内容，特别是在成果输出时按使用对象不同形成百姓版、报批版、宣传版等多种版本。此外，按照"一年一体检，五年一评估"的要求，对村庄规划成果进行动态维护和适时修订，提高规划的适应性。

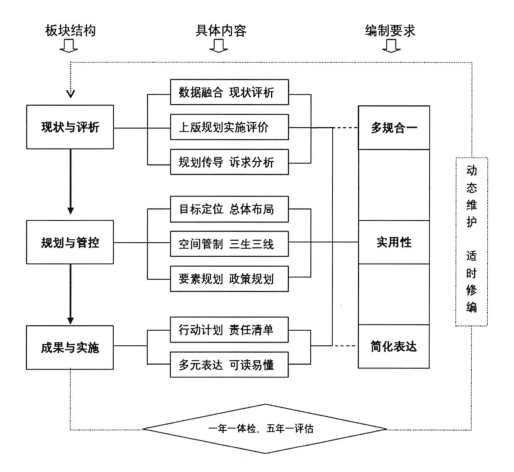

图 4.3 多规合一实用性村庄规划编制技术框图

五、编制重点

　　本书从实际出发，遵循文件提出的有关村庄规划意见要求，结合近些年的工作实际，提出实施导向下的乡村振兴规划需要重点解决好的三对关系："问题—解决、诉求—响应、矛盾—建议"。具体而言，就是一要充分挖掘村庄现状，发现村庄生产生活中存在的问题，给出解决措施；二要多次与村民对接，了解村民诉求，在规划中给予合理的响应；三要关注发展愿景与现状基础之间的差异，以及现实存在的各类矛盾，提出缩小差异和消除矛盾的合理化建议（图4.4）。

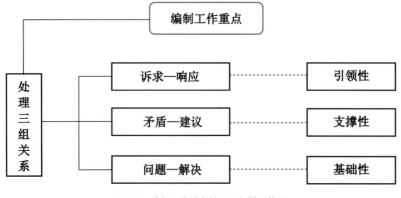

图 4.4　编制工作重点处理三组关系简图

（一）问题—解决

从规划者的角度，分析规划背景及村庄现状，通过进社入户赤脚化的现场踏勘调研及与村干部、村民的访谈交流，提出在国土空间规划体系建立和乡村振兴的双重作用下，村庄发展的核心问题；研究之后，详细提出具体的解决措施和建设路径。对于受资源环境及其他条件限制，在规划期内确实无法解决的问题，应在村民代表大会、干部座谈会以及问题协调会等民主大会上进行坦诚沟通、争取谅解，提出各方均能接受的补偿性措施或其他另辟蹊径的解决对策。

（二）诉求—响应

可采取问卷调查、入村访谈、政策剖析以及跟乡贤村官座谈等形式，识别并提取村庄在人居环境改善、乡村经济发展、村庄风貌整治、村民增收致富等方面的一系列诉求，并对这些诉求进行分类分级研究；之后，结合村庄发展思路、总体定位、发展方向及重点等，采用差别化的对策措施，对相关诉求做出合理响应。比如，老龄化相对严重的村庄对于农家书屋、老年食堂、老年学校、老年人活动场所等内容的诉求较为强烈，在规划中应重点响应相关内容，并予以落实。

（三）矛盾—建议

现状用地之间、各类规划之间、不同产业之间以及各社（村民小组）之间存在着诸多矛盾点，比如用地冲突、功能冲突、产业冲突以及各社利用冲突等问题。这就需要乡村规划师正视各类矛盾，辨别矛盾冲突的内在机理，结合现行的政策法规和规范性文件，综合考虑财力物力等因素，提出合理化的解决措施或协调建议。

　　另外，考虑到村庄发展的诸多不确定性，对于多元交织的复杂矛盾，可以在充分协商的基础上采取暂时保留现状、搁置争议、共同推进的做法，并提出远景建议，把部分近期难以消解的矛盾稀释到远期乃至远景，待政策环境、发展条件以及城乡关系等有相关变化后，局部矛盾有可能容易解决甚至自然消失。通过采取有效的沟通并提出合理的规划建议，逐步消解各类现状矛盾。

第五章 编制方法

编制方法的合理性关系到规划成果的科学性,编制方法的实用性亦将直接影响规划成果的落地性。传统的空间计划方法、经济计量方法、系统动力学方法、人工神经网络方法、多维分形方法等各种城镇规划编制方法,虽受追捧但不适应乡村的实际,也不符合村庄规划"具体建设与落地实施"详细规划的定位。因此,如何针对乡村的特征建构一套"以使用者为中心"的实用性方法,成为乡村振兴规划建设的重要前提。

一、方法设计导向

采取何种乡村规划方法,往往是规划师们碰到的最棘手、最迷茫的事情。20多年来,历经了社会主义新农村建设、新型农村社区建设、美丽乡村建设、农村人居环境整治行动等多轮规划建设工作,各地探索了诸多规划编制方法。这些方法中,有的以问题为导向,侧重于解决村庄面临的实际问题;有的以目标为导向,侧重于满足政策要求或目标远景;有的以实操为导向,贴合当地的规划管理和建设落地实际,做出针对性较强、实用性高且表达形式灵活的成果。

面向新时期乡村建设的新阶段,该如何确立规划方法导向,如何开展"多规合一"适用性乡村规划编制工作,如何尽快形成乡村振兴新格局,成为乡村规划界需要回答的重要问题。本书综合考虑"国土空间规划体系"和"乡村振兴战略"双重政策背景,针对广大乡村地区"农村空心化、农业边缘化、农民老龄化"的现实问题,提出"问题为主兼具目标和实操"的研究导向,并基于此提出"以使用者为中心"的规划方法。如图5.1所示,围绕"好用、管用、实用"的核心思想,重点响应村庄现实问题和主要矛盾,着力解决"三农"发展的迫切需求;同时,要着眼于乡村振兴的长远目标,并结合村庄规划管理的实际情况,确立清晰的发展目标和实现路径。

二、方法设计原则

在空间规划改革及乡村振兴的双重背景下开展规划编制方法研究,应充分反思现有规划方法"缺乏经济意识、缺失乡土情怀、缺席现场详调以及缺位实施者角色"的内伤问题,充分考虑编制方法的针对性、可行性、实效性,遵循"村民主体、彰

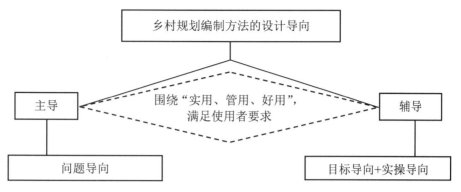

图 5.1 规划方法的导向图示

显特色、多规合一、实施导向、简化表达"等五大基本原则，避免规划方法浮于表面或流于形式，确保方法的实效性。

（一）村民主体：听民声、汇民智、重民意

坚持以农民为主体，贯彻"听民声、汇民智、重民意"的工作理念，重心下沉，俯下身子做规划，融入群众求方案，在编制全过程应充分听取村民诉求，主动识别村民需求，组织村民充分发表意见和参与集体决策，确保规划符合村民意愿。

（二）彰显特色：望得见山、看得见水、记得住乡愁

注重突出村庄特色，按照"望得见山，看得见水，记得住乡愁"的要求，以全域规划的理念，以多样化为美，突出地方特点、文化特色和时代特征，保留村庄特有的民居风貌、农业景观、乡土文化，防止"千村一面"。注重保护建设并重，按照"绿水青山就是金山银山"的绿色发展理念，保护好建设开发的生态底线，为生产、生活创造优质的生态环境，防止调减耕地和永久基本农田面积。

（三）多规合一：底线思维、挖潜存量、强化管控

空间改革背景下，乡村振兴规划要按照"多规合一"的总要求，确保底图底数准确，促进多类规划协调，严守生态底线、建设红线和资源利用上线；积极挖掘存量，对用地、设施、景观、产业等各类存量资源开展普查，登记造册并形成存量资源清单，力促存量资源的资产化利用。按照"多规合一"实用性村庄规划要求，准确叠加、

有效融合"两规一致性处理""过渡期国土空间规划近期实施方案""十四五规划"以及永久基本农田、生态红线、文保紫线、河流岸线等各类控制线等，形成科学有效的"多规合一"图，筑牢规划的底线思维，对接规划的上位思维。重点做好规划工作底图、技术标准、规划范围、规划指标、规划目标期限、规划数据建库等方面工作，更多关注空间的管控与实施引导，并与县（市）域国土空间规划形成紧密衔接。在空间管控上，强调底线管控，科学划定"三生三线"，明确乡村建设空间，除划定村庄建设控制线外，还应划定村庄建设边界拓展线，在控制村庄建设用地总量的基础上保障村庄未来发展的弹性需求。

（四）实施导向：重心下沉、分类引导、编管合一

面向"规建管"一体化，探索新时代村庄规划编制的新方法、新工具，以深层次分析乡村地区空间资源要素利用过程中存在的问题与症结，优化规划体系和规划内容，推进精准化管理。具体而言，要在有限的规划目标和规划时效下，面向实施为导向考虑规划思路及内容等，着力提高乡村规划的可实施性，重点解决规划实施这个重点和难点问题。通过深入剖析当前村庄规划实施所面临问题，聚焦和挖掘村庄的潜力，识别村庄发展的基础性需求和提升性需求，从规划的现状摸查、整体思路、工作组织、规划内容、成果表达以及项目库搭建和公共参与等方面，探讨实施导向下村庄规划编制的方法，对规划内容进行差异化引导，形成"分类引导、差异发展、编管结合"的具体编制路径。

（五）简化表达：百姓看得懂、政府好管控、规划好编制

区别于以往村庄规划要求的图集、文本、说明书等成果文件，乡村振兴规划更注重规划的实用性与实施性，针对不同的使用主体分为不同的成果形式。对于规划编制委托部门与评审专家，以标准的成果文件，包括图集、文本、说明书以及清单附件组成；针对乡村规划实施部门则主要以清单与简要图纸为主；对于规划实施的直接对象（村民）而言，则以更加通俗易懂的村规民约形式为主。将规划内容及规划成果进行转译，简化规划成果，创新表达方式，形成一套百姓看得懂、政府好操作、规划能落位的"乡村振兴"规划成果，构建针对性及操作性强的乡村振兴量化清单，务实、有序、有效地引导乡村振兴建设。

三、方法表述形式

根据以上编制原则，结合对规划原则与工作重点的思考，综合考虑"一优三高"国土空间规划体系建立要求以及"以人为本"乡村振兴战略要求，重新审视新时代的乡村人地关系，朝着"前期准确抓取现状信息、中期科学编制规划内容、后期清晰表达规划成果、批后长效服务规划落地"的目标，建构"三化一性"的编制方法，即"赤脚化调研、实用性规划、简单化表达、动态化维护"，实现"透析问题、多规合一、编管结合、实用好用、规划落地"的规划初衷，形成"以使用者为中心"的乡村规划编制范式，详见图5.2。

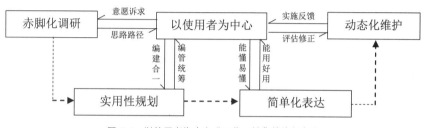

图 5.2　以使用者为中心"三化一性"的编制方法

（一）使用者概念

使用者是指村庄规划的实际使用人，一般包括村民、村委、乡镇及县区分管干部、投资商、建设团队等，可以归纳为受益者、管理者、投资者、建设者四大类，如图5.3所示。这四类使用者对规划内容及成果表达形式的要求均有所差异，且各自的立场和利益诉求也有所不同，需要规划师充分考虑、有效协调，做到统筹兼顾。使用者既是乡村规划的出发点，也是乡村规划的落脚点，是广大乡村规划设计人员需要首先读懂、悟透的重要概念。

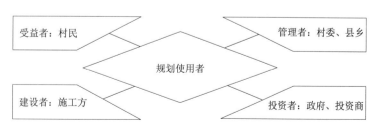

图 5.3　村庄规划使用者概念图示

（二）调研手法

在调研手法上，摒弃"走马观花、蜻蜓点水、填表拍照"的传统调研方式，采取"下村社走访、用脚步丈量、融生活体验"的务实调研方式，重心下沉、潜心倾听，适度参与乡村生活和村庄日常管理工作，并与村民代表多轮多次交流思路及方案，全面摸清村庄地图底数和多元诉求，做好政策引导与解释工作，形成三大日志即驻村调研日志、生活体验日志、方案交流日志，确实发现农村、农民、农业的潜在问题与内隐诉求，为规划方案及技术路径制定奠定坚实基础。

（三）规划手法

在规划手法上，摒弃"眉毛胡子一把抓、面广域宽内容泛"的传统规划方式，按照"管什么批什么、批什么就编什么"的要求，围绕"编什么、怎么编"这个中心问题，针对农村的实际问题与发展状况，结合当下政策与未来可能，制定有限的规划目标和规划，对症下药、编管结合、预留弹性，并在公众参与机制、多方协调机制的保障下，形成一村一策、一业一策、一户一策的详细规划成果，避免规划"图上画画、墙上挂挂"，确保适用、实用和效用。

（四）表达手法

在表达手法上，摒弃"图文堆积、东搬西套、学究陈腐"的传统表达方式，围绕"百姓看得懂、政府用得上"的基本要求，聚焦特色与要点，采取"灵活多样、针对性强"的简化表达方式，根据使用对象的不同可形成百姓版、政务版、宣传版、报批版等多种形式，且力求简洁明了、管用能用。

（五）维护手法

在维护手法上，摒弃"消极维护、任由发展、规建脱节"的传统维护方式，围绕"全生命周期管理和全过程服务"的要求，长期跟踪、定期考评、动态维护，服务指导规划落地，及时获取村庄建设发展的动态信息，并结合形势政策要求提出维护或修编的建议。

四、方法运用内容

在明确编制方法内涵与形式的基础上，从运用操作的角度，进一步说明"以使用者为中心"规划编制方法的落地要求与实施做法，以确保该方法能在规划编制实践中有效落地。本书从"项目调研、规划编制、成果表达、跟踪维护"四大方面展开，详细论述该编制方法的运用实操过程和要求，略见图5.4。

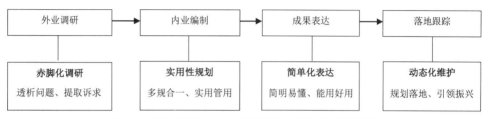

图5.4 "以使用者为中心"的规划编制方法的运用实操解析图

（一）赤脚化调研：透析问题、提取诉求

1.动员干部：组织规划衔接

组织振兴是乡村振兴战略实现的关键要素。乡村规划编制过程中基层干部有着至关重要的作用，包括镇村两级干部，特别是村两委、包村干部、镇书记、镇长以及村建站、自然资源所的负责同志。这些镇、村层面干部既是上层要求、上位规划的主要执行者，也是村民的父母官和美丽乡村的关键缔造者，起到承上启下的关键作用，也是提升乡村治理能力的关键一环。因此，充分调动镇、村干部对乡村规划编制及实施的积极性，取得基层干部的理解与支持，对高质量完成乡村规划工作至关重要。

具体而言，分四个环节组织好规划编制工作。首先，组织干部的业务培训。在市县层面统一组织村镇干部的规划编制业务培训，并就市县层面对村镇层面的思想、管理、技术以及配合工作等方面的要求，邀请相关领导和规划专家做统一的培训。其次，共同学习并研讨上位规划要求。规划编制团队应与村镇干部一道研究上位规划特别是县域村庄布局规划或县域乡村建设规划对本地区的布局调整、用地管控以及发展指引、建设安排等，充分了解并贯彻执行上位规划和相关规划对本地区村庄规划的具体要求，确保规划传导到位。再次，组织召开动员大会。以镇为单位，组织各村两委、第一书记、包村干部以及镇领导班子成员、村民小组长等，召开村庄规划动员大会，传达市县要求及总体设想、配合的方面等，协调安排调研要点、时间安排、路线选择等，并现场向相关干部发放现状调研的表单，让技术人员现场说明填写要求、调研内容以及其他需要了解的情况。再其次，配合开展多轮现场调研。进村调研，召开乡镇座谈会，集合调研情况、问题及反思，聚焦各村居民点布局、产业、设施、存量用地利用等展开简要的方案汇报，村"两委"、第一书记、包村干部、村民代表进行意见反馈，最终形成村庄规划编制的初步思路及相关的规划表单，作为规划的框架引领，充分尊重多元主体的诉求。最后，主持调研总结会。由村镇干部负责组织形式灵活的调研总结大会，并就调研中发现的主要问题与村组长、村民代表等进行充分沟通，进一步听取各方意见建议。

2. 进社入户：了解乡村现状

（1）调研模式

由于乡村深度老龄化、设施闲置化、生态环境破坏、文化景观破碎等问题日益凸显，传统"进乡入村"的"面状调研"方式不适应乡村振兴的新要求，亟需采取"进社入户"的"点状调研"方式，通过深入细处、洞察细微、考察细节，透析新时代各地乡村的深层次矛盾，以免泛泛而谈、流于表面。

参与规划编制的相关方面应俯下身、察实情、说实话，深入广大农村地区做好系统性的调查研究，紧紧围绕"人"和"物"两大方面，深挖"三农"问题的根本原因，并洞察其动态发展规律，揭示出各地乡村的实际发展诉求。在此基础上，通过与公共政策规制、当地政府供给、自然生态服务、外部市场需求等四个端口的反复对接、多轮匹配，科学推测并确定乡村的有效需求，进而做出规划响应，形成调研的"两维四匹"模型（图5.5）。

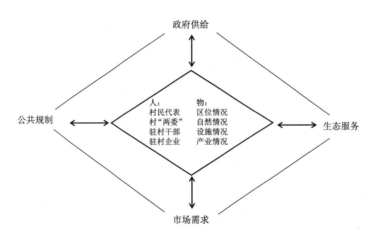

图 5.5　两维两匹模型示意图

（2）调研内容

具体而言，在明确村庄调研的任务后，由各镇分管领导提前通知村两委、第一书记、包村干部全程陪同技术人员进社入户调研，主要调研内容如下：了解村庄基本情况，如人口情况、乡村产业、用地权属、基础设施、农业设施、旅游资源、道路交通等，掌握长期闲置房及危旧房情况、存量用地情况、闲置设施情况等。通过赤脚化的调研，掌握人口变化趋势，采用实事求是的方法对未来人口进行预测，作为用地预测、设施配置等的数据支撑；明确各用地权属，保障规划用地布局的合理性、公平性及可操作性，并强化对农民先赋性财产权利（土地）的保护；明晰现状诉求与问题，增强规划的针对性与落地性。

3. 访谈交流：倾听村民想法

考虑到村民自治特征，编制工作应更多地在确保规划传导的同时"自下而上"考虑问题；特别是考虑到乡村规划实施的多元主体特征，加之土地权属较为特殊和复杂，使得乡村规划不能采用城市"统规统建"的传统手法，而是要与各方建设主体、广大村民进行深入的沟通交流，探索更灵活有效的规划编制方法。

在与村民访谈交流中主要采用质性研究的方法，通过调查问卷、村民访谈、现状摸查、驻村体验及技术交流等，全面而细致地了解村庄基本情况，充分体察村民的需求和意愿，脚踏实地地对村民生活需求、乡村物质空间环境等进行调研，并通过换位思考、角色体验等，分析留村农民、外出农民以及各类新型职业农民的实际需求。

同时，梳理乡村发展的历史脉络，判读当地的城乡关系以及乡村建设需求，翔实展开村庄现状研究，主要采取半结构性访谈与非结构性访谈两种方法。

（1）半结构性访谈

技术团队按照事先设计好的村庄现状体检清单，拟定固定格式的提纲，对村干部掌握的村庄概况进行结构化提问；同时，考虑到各村的差异较大，且村干部可能根据自身的认识谈及更多核心问题，故也多预留自由发言时间，留足表达想法的余地。一方面，结构性访谈的结果方便量化，可进一步作数理统计分析；另一方面，富有灵活性的自由发言也赋予规划师细致深入了解村庄的机会，可以更为深入地识别村庄发展的深层次问题和现实性诉求。

（2）非结构式访谈

针对广大村民群体，技术团队也应通过随机入户的非结构式访谈方式听取意见与建议，并尽量让村民敢说、能说、实说，让村庄规划能充分响应村民主体的实际需求。在对村庄做翔实了解、系统分析、科学评估的基础上，围绕具体问题或特定主题与村民进行非结构式访谈，以专业敏感性捕捉有用的信息。

4. 汲取智慧：寻找能工巧匠

（1）汲取传统智慧

乡村聚落作为人类在长期适应自然、改造自然过程中形成的物质空间环境，是人类文明在乡土空间层面的凝聚与表现，有其独特性与连续性，其建造过程中所蕴含的传统理念与建造技术也成为人类智慧中重要的一部分。在乡村规划编制尤其风貌整治设计时，"赤脚规划师"就是要"纸上得来终觉浅，绝知此事要躬行"，弯下腰来虚心汲取民间的建造智慧，突破"唯书、唯上"的思维局限，形成"不唯上、不唯书、只为实"的实干作风，主动请教当地老工匠和驻地的建筑企业、种植企业、运营企业等，请他们参与到规划设计中。具体而言，一方面规划编制团队可以专门邀请当地建筑行业代表对村庄农房建设及整治进行座谈交流，探讨可操作的民居檐口、压檐、墙面涂料等构件的工程做法及实施方式；另一方面，在调研过程中与村民进行座谈，寻求有效的勒脚、散水、排水等处理手法，有效解决墙面盐碱化腐蚀比较严重的问题。

（2）发挥乡贤作用

2018年中央一号文件明确提出要坚持自治为基，加强农村群众性自治组织建设，积极发挥新乡贤作用。新乡贤的价值和功用在于提供乡村振兴亟待解决的资金、人才、信息、技术、文化、组织等资源，通过与新乡贤的沟通交流，总结解决乡村振兴人力、物力、财力不足的方式方法，凭借新乡贤掌握的新兴知识及其显著的社会责任感，促进城乡主要生产要素自由流动，有效促进乡村"内生式"发展，提升乡村治理绩效，提高乡村整体社会福利。

（二）实用性规划：多规合一、实用管用

乡村层面的规划编制工作，需重点围绕"实用、能用、管用"做文章，注重聚焦问题、解决问题，摒弃"一刀切"和"大而全"的规划思路和表达方式。要根据不同的需求，灵活确定各村规划的内容、深度和表达方式，让各类使用者"看得懂、用得顺"。可通过明确分类、聚焦特色、增存并举、落实行动等多种手法，构建多规合一、实用管用的规划编制新范式。

1. 明确类型：依据类型确定重点

按照《关于进一步加强村庄建设规划工作的通知》，在县（市）域乡村振兴规

划的指导下，因地制宜推进乡村振兴规划编制。体系划分上避免"一刀切"和"齐步走"；产业发展上做到"全面振兴而不是全部振兴"；设施配置上做到"有所为有所不为"，分类有序地对保留村庄进行规划编制；规划成果表达上做到"减量化、清单化、定量化"，简明易懂、便于实施。乡村规划绝不是编制得"越深越好"，而是要根据村庄发展的类型、实施主体以及实施方式的不同，确定差异化的规划思路，在内容深度和管控弹性上呈现出层次性和差异性。

由于县（市）域内村庄自然发展条件不一致，产业规模千差万别，设施配置完善程度不一，各地在规划编制中可根据村庄实践及相关村庄规划编制的导则、规范，进行详细的分类研究和引导。总体上看，可以将村庄分为保留村、迁并村、规划留白村三大类，需要开展规划编制的为保留村。而根据村庄发展的延承、现状及潜力，基本可以把保留村划分为积极发展型、适度发展型、控制发展型三种类型。其中控制发展型，以保障安全为主，包括房屋质量、设施供给、生活安全等；适度发展型，以整治环境为主，包括补短板、整风貌、优环境等；重点发展型，主要是中心村、重点村、特色村，以乡村片区服务中心为发展导向，包括以村庄潜力释放和特色要素挖掘为主（表5.1）。

村庄分类编制技术要求（以甘肃省民勤县为例）　　　　　　　　　表5.1

规划类型	出发点	规划类型	规划目标	重点内容	备注
一类（A类）36个村	以控制发展为主	控制发展（安全）	确保安全	零散新建农宅规划、农房整修计划、垃圾治理方案	
二类（B类）34个村	以补短板和优环境为主	适度发展（整治）	补齐短板	部分新建农宅规划、农村人居环境整治、四化六有配套	参照民勤县农村人居环境整治三年行动方案
三类（C类）54个村	以特色要素挖掘与规划为主	重点发展（发展）	彰显特色	集中新建农宅规划（或片区中心村整治规划）、公共服务和基础设施建设（含四化六有配套）、产业发展规划、人居环境整治、景观风貌规划	视各村实际情况，可补充历史文化保护规划、旅游发展规划、商贸物流规划等内容，以彰显特色要素

2. 聚焦特色：依据诉求确定内容

乡村规划不能统一编制成"八股文"，需围绕特色做足文章。由于乡村规划涉及的内容较多，如果面面俱到，内容则会显得庞杂且缺乏针对性，且可能影响落地性。

因此，乡村规划师在接到规划任务后，首先应在县（市）级乡村建设规划统筹分类的基础上，确定村庄规划的类型和重点；而后需通过赤脚化的调研、现状资源的梳理、存量用地的挖潜等找到村庄的现状问题及实际需求，有所选择地进行规划；最后结合村庄自身实际及特色，有效梳理出规划中需要进行"减量"和"增量"的内容，聚焦关键领域、突出村庄特色、促进品质规划。

3. 增存并举：依据效率管控空间

在增量转存量的过渡时代，需要融入增量与存量并存的规划思路，并在充分挖掘和评估村庄各类存量资源、存量要素的基础上，形成存量资源清单，包括存量用地清单、存量设施清单、存量景观清单；依据存量情况，开展自然风貌、文化景观、空间形态、公共空间、民居建筑以及经济文化发展等方面的规划设计，使村庄的存量用地、闲置设施、废弃空间、污染用地以及破败景观等均能得到改造并激活。通过存量规划的操作，一方面可以摸清家底，为建设用地指标释放和腾挪提供基础，促进城乡建设用地增减挂钩和集体建设用地入市，有效激活存量用地资源活力；另一方面，促进村庄闲置教育设施及其他公建设施、基础设施的再利用，促进村内闲置农房的出租使用，促进各类废弃空间、散落遗存、破败景观的整合提升和改造利用。增存并举的规划方法，既能很好地管控用地，实现集约节约用地的目标，落实上位规划的传导要求；又能传承村庄文脉、彰显村庄魅力，调剂村内资源，有利于规划落地。

4. 落实行动：依据建设确定项目

规划要充分发挥村民自治，提高乡村规划的可执行性，改变过去规划中的"政府干村民看""只规划不实施"的现象。因此，村庄规划需要在明确发展目标的基础上，针对目标提出实现的路径，并以问题为导向，就具体现状问题提出针对性解决策略及方案，细化项目建设清单和项目落地所需要的各类支撑条件，形成具有实际可操作性的行动方案。需要评估村庄建设需求与资金能力，在可承担的经费范围内，将规划重点内容以工程或项目的形式落地实施，从客观上保障规划的可操作性，实现从目标到行动的高效传递，以可操作的措施或行动使其落到实处，形成实效型的乡村规划成果。

（三）简单化表达：简明易懂、能用好用

1. 定量清单：依据内容确定表单

当前的乡村建设规划、村庄规划多注重定性分析、轻定量分析，是乡村振兴规

划"难落地"的一个现实困境，需定性与定量相结合。从乡村建设的核心问题出发，将设施配置、用地规模、整治内容等要素定量化，划定乡村用地边界，明确乡村各阶段建设指标，有效指导各乡村近远期建设。创新乡村振兴规划指标体系——"控制性"+"引导性"+"弹性指标"，并结合产业安排、设施配置、用地规模、村庄整治、乡村治理等内容，制定清单式的规划表单，提出定量化的配置标准，实现弹性规划。

在县域乡村建设规划中，建议以清单简化规划成果，构建"1+5+X"规划清单。其中，"1"为体检清单，结合现状调研梳理各村发展基础，全面开展乡村大体检；"5"即乡村发展的核心要素，主要包括体系清单、产业清单、用地清单、设施清单、整治清单；"X"为优化村庄功能增加的特色要素，主要包括旅游清单、生态清单、乡村环境清单、治理清单、一村一单等（图5.6）。

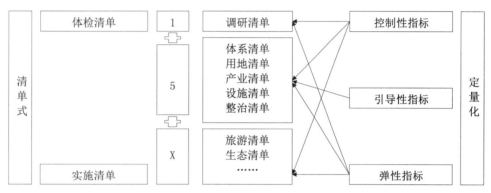

图5.6　县域乡村建设"清单式、定量化"规划内容构建示意图

2. 多元成果：依据受众确定表达

乡村规划不是文本"越细越好"，规划中应形成包括面向专家的技术性成果和面向农民的公示性成果。其中，技术性成果用于规划审查、报批和管理，表述应专业化、正规化；百姓版成果主要供村民讨论和反馈，因此应使用图文并茂、通俗易懂和活泼亲民的形式。另外，规划成果表达应抓住核心内容，针对不同受众有侧重地精练。

其中，报批版按照地方规划编制导则要求，结合村庄资源特色和体系类型，扎实做好规划自选动作、规定动作，形成清单式表单、规范化条文、立体化展示的规划成果，方便政府管理、实施；百姓版可围绕百姓"全程参与、深度合作"的规划理念，对于百姓重点关注的规划建设项目、管控限制内容和规划设计说明采用清单式表单、具象型图示、通俗化语言进行表达，帮助老百姓理解规划，使其更好地参与、配合规划的有序开展。

3. 一张图：依据规范建立数据库

按照习近平总书记提出的"编制多规合一的实用性村庄规划"的要求，各地要进一步统一认识，将乡村建设、发展与保护统一起来，着眼构建城乡一体化发展的重要接口，按照全要素、管用、易懂要求编制好村庄规划。为规范村庄规划数据库建设，统一全市村庄空间规划的工作成果与数据格式，各地宜根据《土地管理法》《城乡规划法》等法律、法规，并依据地方性规划导则、编制指南及制图标准等相关标准和规范，在制定村庄规划成果制图规范及成果提交规范的基础上，规范村庄规划数据库建设，搭建村庄规划"一张图"平台应用系统数据库，明确数据库的内容构成、定位基础、要素分类、要素编码、数据结构、文件命名规则以及成果要求、建库流程等内容，并对常见问题进行汇总、解释等，形成村庄规划"一张图"成果制图规范及成果提交规范。

按照部委的统一部署，各地要切实落实工作责任，按照新的目标要求，进一步摸清情况，加强经费保障，统一节点，倒排时间，在全面完成村庄规划编制工作的基础上，全面建成村庄规划"一张图"数据库，形成与国土空间规划体系相统一的规划数据库和规划管制规则。

（四）动态化维护：规划落地、引领振兴

积极推动乡村规划转型，支持各市县在乡村规划、乡村设计、乡村规划管理等方面开展创新试点，探索建立规划师伴行服务制度，变"规划先行"为"规划伴行"。通过选择重点村派驻村镇规划师，紧跟规划执行，确保规划蓝图在建设过程中不走样，是实现"多规合一"实用性村庄规划编制的重要保障。

因此，新时代的乡村规划技术人员应摒弃"评审报批结束即规划工作结束"的错误认知，充分认识到乡村规划设计工作的神圣性和使命感，增强职业担当，从"工作融入、情感融入、身份融入"等方面层层融入村庄，主动伴行规划落地，争取成为村庄的"荣誉村民"。

1. 严格考评：确保规划不浪费

作为一项长期的历史性任务，乡村振兴战略的实施需要有严格、科学、动态的常态化考核制度，从中央到地方均要成立乡村振兴工作督导考核办公室，跟踪督查乡村振兴各项工作的落实执行情况，及时反映发现问题并提出解决建议，确保各项任务顺利完成。

具体而言，建立垂直管理的督导考核机构，开展"一年一体检、三年一评估、

五年一调整"的常态化、动态化规划建设考评工作；建构完备的乡村地理国情普查和监测技术体系，逐步开展乡村精细化管理工作；健全乡村规划与建设立法工作，明确乡村规划动态维护的法律程序与法律地位；建立乡村治理绩效考评制度，动态提升乡村治理能力和水平。

2. 驻村指导：确保规划不走形

坚持"赤脚调研、精准规划、分期建设和动态评估"的原则，围绕"规划创新、落地检验"的规划理念，指导乡村规划建设工作。在规划实施中，通过跟踪建设、驻场服务以及明确村民的权利义务等，与规划管理者、乡镇政府、施工队伍多次交流，全面指导和跟踪村庄的动态建设。

一方面，搭建乡村规划综合服务平台，引导大专院校、规划设计单位下乡开展村庄规划编制服务。支持优秀规划师、建筑师、工程师下乡服务，提供驻村技术指导。同时，通过村规民约、规划管理公约等形式，明确各户村民权力与义务的空间范围，落实村庄环境维护及建设的责任，唤醒农民对美好乡村环境的眷恋，实现乡村公共空间从"公有"到"共有"的转换。

另一方面，规划师采取驻村指导、赤脚维护的办法，践行落地伴行的规划理念；对于确实没有条件执行乡村规划师制度的地方，可出台文件要求规划师跟踪服务 2～3 年，确保基层干部、广大村民与乡村振兴投资商均能较为精准地理解规划、较为科学地执行规划。从单个项目策划、实施方案设计到最后的产业发展现场、施工现场，全程指导及配合管理单位、施工单位、产业单位，确保规划思想和空间蓝图的落地实施。

3. 定期修补：确保规划不滞后

规划编制是在某个时点上对乡村未来的发展意愿作出政策设想和空间安排，很难全面解决乡村动态发展过程中的所有问题；特别是面对快速发展的城镇化和动态演进的城乡关系，乡村规划的难度陡然上升。因此，为适应国家政策、建设要素、区域条件、基础设施、村民诉求及意愿等的不断变化的趋势，需要广大规划师弯下腰来、踏下心来，将外部因素及内部诉求的变化及时融入规划内容当中，确保规划在实施过程中时刻跟紧时代发展与村庄诉求，在"陪伴"的过程中与乡村成为"命运共同体"，与村民和村庄建设者形成"共同缔造"。具体而言，规划师需树立"跟踪修补"的观念，以"定期修正"的方式指导规划实施。通过对规划建设前后乡村空间的演变、村民的意愿及诉求变化、政策变化等方面的跟踪观察，及时调整规划的引领方向、内容体系、管制力度及表达形式，确保规划成果始终具有适应性。

第三篇

技术与表达

第六章　分类引导

一、村庄分类现状评价

随着农村改革不断深化，"三农"领域也迎来新的发展阶段，越来越多的资源开始向农村、农业倾斜，新农村建设与人居环境整治加快步伐的同时，也出现村庄建设发展不平衡、不充分等问题。其内因源于村庄分类标准及类型动态多变、编制单位和市县层面较难适应，长期以来公认、持续的分类体系的缺位，影响了村庄规划及建设进程。2019 年之前，全国各省的村庄规划处于自由探索阶段，对村庄类型的划分也具有显著的地方特征；2019 年 1 月国家层面对村庄分类提出了新的方案，全国村庄将按照新的分类标准进行规划建设；个别省份结合五部委提出的村庄分类意见，针对自身情况提出了略有变化的分类标准和类型名称。

（一）关于村庄分类的国家文件

2015 年 11 月，住房城乡建设部出台《住房城乡建设部关于改革创新、全面有效推进乡村规划工作的指导意见》（建村〔2015〕187 号）文件，提出可以结合各地实际把村庄划分为分散型或规模较小村庄、一般村庄、特色村庄等类型，采取规划先行、分类规划、分类施策的办法推进村庄规划和农村人居环境治理工作。

国务院机构改革之后，为深入贯彻习近平总书记关于实施乡村振兴战略的重要指示精神，全面落实《乡村振兴战略规划（2018—2022 年）》《农村人居环境整治三年行动方案》部署和全国实施乡村振兴战略工作推进会议要求，2019 年 1 月，中央农办、农业农村部、自然资源部、国家发展改革委、财政部等五部门发布了《关于统筹推进村庄规划工作的意见》（农规发〔2019〕1 号文）。意见明确提出了县域村庄分类的五种情况，包括集聚提升类村庄、城郊融合类村庄、特色保护类村庄、搬迁撤并类村庄四种明确的类型，以及有待进一步观察论证的未明确发展类村庄，并对分类进行了说明，详见表 6.1。

中央农办、农业农村部、自然资源部、国家发展改革委、财政部等五部门发布了关于统筹推进村庄规划工作的意见相关解释内容

各地要结合乡村振兴战略规划编制实施，逐村研究村庄人口变化、区位条件和发展趋势，明确县域村庄分类，实行分类规划。

将现有规模较大的中心村，确定为集聚提升类村庄；

将城市近郊区以及县城城关镇所在地村庄，确定为城郊融合类村庄；

将历史文化名村、传统村落、少数民族特色村寨、特色景观旅游名村等特色资源丰富的村庄，确定为特色保护类村庄；

将位于生存条件恶劣、生态环境脆弱、自然灾害频发等地区的村庄，因重大项目建设需要搬迁的村庄，以及人口流失特别严重的村庄，确定为搬迁撤并类村庄；

对于看不准的村庄，可暂不做分类，留出足够的观察和论证时间；

统筹考虑县域产业发展、基础设施建设和公共服务配置，引导人口向乡镇所在地、产业发展集聚区集中，引导公共设施优先向集聚提升类、特色保护类、城郊融合类村庄配套

（二）关于村庄分类的地方文件

1. 第一阶段：农规发〔2019〕1号文出台之前

该阶段主要由住房城乡建设系统负责村庄规划的编制与建设工作。在全国各省区历年出台的村庄规划编制导则中，对村庄规划分类存在不同的诠释，基本可以概括为两大类型：一类是从改建、扩建、新建的角度对村庄进行类型划分和分类指导，另一类是从整治、保护、发展的角度对村庄进行分类指引。略见表6.2。

2006年6月，山东出台的《山东省村庄建设规划编制技术导则》中将村庄建设规划分为改、扩建型和新建型两种类型，撤并型村庄纳入所并入的村庄统一规划。

2011年5月，广西住房和城乡建设厅出台《广西村庄规划编制技术导则（试行）》，提出村庄按其在镇村体系中的地位、职能和产业发展、生活水平提高的要求等，分为中心村和基层村；同时，以规划期末常住人口的数量，划分为特大、大、中、小型四类村庄，其中特大型＞1000人，大型601～1000人，中型201～600人，小型≤200人。而在《广西乡村风貌提升三年行动指导手册》里，根据各村情况，划分基本整治型、设施完善型、精品示范型三种类型开展村庄环境"三清""三拆"工作，研究制定和贯彻落实自治区乡村规划建设管理条例。

2011年7月，福建出台了《福建省村庄规划导则（试行）》，其中根据规划建设方式，将村庄分为改造型、新建型、保护型等三大类型，同时按照区位和建设特点增加了

一类城郊型，共包含四类村庄。

2015 年 8 月，浙江发布的《浙江省村庄规划编制导则》未明确村庄规划类型，根据编制内容要求可看出其适用于集聚型、特色型村庄。而针对限制型、搬迁型村庄的规划要求可见市县级的村庄规划文件。如《温州市人民政府办公室关于进一步加强村庄规划设计和农房设计工作的意见》（温政办〔2016〕17 号）中对限制型村庄提出简化规划成果，具备"五图一书"即可（"五图"是指村庄用地现状图、村庄用地规划图、村庄基础设施规划图、村庄生态环境整治规划图、村庄景观风貌规划图，"一书"是指规划说明书）；搬迁型村庄不再编制村庄规划。

2016 年 6 月，甘肃修订完善了《甘肃省乡村规划编制导则（试行）》，导则指出依据县（市）域乡村建设规划，分类确定村庄规划编制内容和要求。包括 A 类村庄规划，以控制发展为主；B 类村庄规划，以补短板和定项目为主；C 类村庄规划，主要为美丽宜居村庄、传统村落、特色景观旅游村庄等特色村庄。

2017 年 1 月，黑龙江住房和城乡建设厅出台《黑龙江省县（市）域乡村建设规划编制指引（试行）》，提出划分禁止建设型、限制建设型、基本保障型、环境改善型、特色营造型五种类型，对村庄进行分类指导，优化各类要素配套，提高乡村规划的科学性和实用性。

2017 年 11 月，湖南出台《湖南省村庄规划编制导则（试行）》，根据村庄对规划的需求，将村庄规划分为保护类村庄规划、改善类村庄规划、简易类村庄规划、建房说明书等四类（表 6.2）。

2019 年之前全国代表性省份村庄规划分类一览表　　表 6.2

省域	规划分类	分类内容	参考文件
山东	2 类	改、扩建型和新建型	《山东省村庄建设规划编制技术导则》，2006 年 6 月
广西	2 类	中心村、基层村	《广西村庄规划编制技术导则（试行）》，2011 年 5 月
	3 类	基本整治型、设施完善型、精品示范型	《广西乡村风貌提升三年行动指导手册》
福建	4 类	改造型、新建型、保护型、城郊型	《福建省村庄规划导则（试行）》，2011 年 7 月

省域	规划分类	分类内容	参考文件
甘肃	3类	A类村（控制发展型），以保障安全为主；B类村（适度发展型），以补短板和定项目为主；C类村（重点发展型，以村庄潜力释放和特色要素挖掘为主，包括中心村、传统村落、特色景观旅游村庄等）	《甘肃省乡村规划编制导则(试行)》，2016年6月
黑龙江	5类	禁止建设型、限制建设型、基本保障型、环境改善型、特色营造型	《黑龙江省县（市）域乡村建设规划编制指引（试行）》，2017年1月
湖南	4类	保护类村庄规划、改善类村庄规划、简易类村庄规划、建房说明书	《湖南省村庄规划编制导则(试行)》，2017年11月

2. 第二阶段：农规发〔2019〕1号文出台之后

该阶段主要由自然资源系统或农业农村系统负责村庄规划的编制与建设工作。2019年1月中央农办、农业农村部、自然资源部、国家发展改革委、财政部《关于统筹推进村庄规划工作的意见》（农规发〔2019〕1号）出台之后，全国各省市纷纷贯彻响应，村庄规划的分类体系逐步趋于统一。

2019年4月，甘肃发布的《甘肃省村庄规划编制实施方案》响应文件要求，逐村研究村庄人口变化、区位条件和发展趋势，已明确县域村庄分类将按照国家文件划定的五类执行，其中包括集聚提升类、城郊融合类、特色保护类、搬迁撤并类、未明确发展类等五类规划情况；2021年3月甘肃自然资源厅出台的《甘肃省村庄规划编制导则（试行）》，也延续了这一思想，制定村庄分类编制内容引导，明确村庄规划应坚持分类推进；提出村庄规划应编尽编要求，指导各市州"多规合一"实用性村庄规划的编制工作，提倡规划成果简明实用，分为管理版和村民手册。

从《湖南省村庄规划编制技术指南（试行）》（2019年4月）、《四川省村规划编制技术导则（试行）》（2019年5月）、《福建省村庄规划编制指南（试行）》（2019年9月）、《河南省村庄规划导则（试行）》（2020年7月）、《江苏省村庄规划编制指南（试行）（2020年版）》（2020年8月）等各地出台的地方性技术规范看，大部分省市（自治区）完全对应农规发〔2019〕1号文件要求，把管辖区域内的村庄分为城郊融合类、集聚提升类、特色保护类、搬迁撤并类、其他类型五类；也有个别省份从省情实际出发或从现有的工作基础出发，在大体遵循五大分类的基础上，做了微调和优化。譬如《福建省村庄规划编制指南（试行）》（2019年9月）充分结合村庄发展阶段和规划需要，提出"集聚提升中心村庄、转型融合城郊村庄、保护开发特色村庄、搬迁撤并衰退村庄和待定类村庄"五大类型，强调村庄价值和存量资源再开发，并进一步细分了集聚提升的中心村和一般村、规划区范围内的城郊村和其他城郊村、局部搬迁或整村搬迁类村庄等；《河北省村庄规划编制导则（试行）》（2019年11月）充分结合发展实际和管理需要，提出"城郊融合类、集聚提升类、特色保护类、搬迁撤并类、保留改善类"等5种类型的划分引导，并明确了各类村庄的主要特征及编制指引；《云南省"多规合一"实用性村庄规划编制指南（试行）》（2021年3月）虽在分类方面与全国基本保持一致，但其更为强调"多规合一"和实用管用，注重村庄挖潜提质，详见表6.3。

2019年之后全国代表性省份村庄规划分类一览表 表6.3

省域	规划分类	分类内容	侧重方面	参考文件
多数省份	5类	集聚提升类、城郊融合类、特色保护类、搬迁撤并类、其他类型	顺延国家分类	2019～2021年，多数省份公布试行的《村庄规划编制技术指南》或《技术导则》
福建省	5类	集聚提升中心村庄、转型融合城郊村庄、保护开发特色村庄、搬迁撤并衰退村庄和待定类村庄	细分类型，便于操作；注重价值，立足发展	《福建省村庄规划编制指南（试行）》（2019年9月）
河北省	5类	集聚提升类、城郊融合类、特色保护类、搬迁撤并类、保留改善类	注重对一般保留村的整治改善	《河北省村庄规划编制导则（试行）》（2019年11月）
云南省	5类	集聚提升类、城郊融合类、特色保护类、搬迁撤并类、暂不明确类	强调"多规合一"实用性，注重挖潜提质	《云南省"多规合一"实用性村庄规划编制指南（试行）》（2021年3月）

（三）现有村庄分类的评价

1. 国家文件评价

从国家层面来看，为更好地解决全国较为混乱的村庄规划分类问题，提出了统一的"4+1"村庄类型，形成集聚提升、城郊融合、特色保护、搬迁撤并四种明确分类和暂时看不准的其他类型，对推进村庄规划编制、实施乡村振兴战略具有重大的现实意义。

同时，由于全国行政村数量庞大，且各地情况复杂多样，国家层面提出的五大类村庄划分方法在实际的规划编制工作中有时会略显笼统、宽泛，各地特别是县（市）政府在制定和细化相关指南（或导则、办法等）时往往因把握不准而影响精准施策。此外，国家层面村庄分类的出发点也不一致，或侧重于村庄人口规模与片区地位而提出"集聚提升类"，或侧重于发展趋势而提出"搬迁撤并类"，或侧重于区位条件而提出"城郊融合类"，或侧重于特色资源赋存度而提出"特色保护类"。因分类依据与标准不统一，在规划实践中容易造成编制主体的工作困境，甚至造成技术单位、村民群众的理解障碍。具体问题见表6.4。

农规发〔2019〕1号文件关于村庄分类的评析　　　　　　　　　　　表6.4

序号	可能存在的问题	问题释义
1	五种分类标准不统一	五类村庄不是基于统一的分类标准。有些是基于人口规模及发展趋势，有些是纯粹基于区位条件，有些是纯粹基于特色因素
2	规划留白村比重过大	集聚提升、搬迁撤并、城郊融合以及特色保护四类村庄的占比一般不超过50%，容易导致暂不做分类的留白村比重过大，影响这类村庄的近期发展
3	与农村实际结合不紧	在城乡融合发展新时期，实际有发展潜力和保护价值的重点村、中心村、特色村并不是特别多；而其余大量一般村、基层村因不具备撤并条件使其在未来一段时间将长期存在，并有整治提升、建设发展等各方面的现实诉求，这类村庄如何实现乡村振兴，没有交代清楚
4	基层执行过程易偏差	按五大类分类标准，广大市县在实际划分工作中，常常出现集聚提升类村庄占比过高、城乡融合类村庄占比过低、特色保护类村庄划定不准等问题；而且，对部分村组而非全村有特色的村庄，不知如何制定保护与发展策略
5	对历史问题缺乏说明	与三年风貌整治行动规划、美丽乡村规划以及乡村建设规划等衔接不够顺畅，对于之前村庄规划编制工作比较到位的地区，容易产生抵触情绪，有"推倒重来"搞运动式村庄规划的顾虑

因此，在国家村庄分类的基础上，各地需要结合各自的历史基础和发展实际，以实施为导向制定更为细致、更具实操性的村庄分类标准及分类施策文件，或细化至二级分类，或略微调整国家分类，或补充完善国家分类。特别是针对合村并居、行政村调整、集中移民搬迁等实际情况，各地可探索乡村社区规划、片区单元规划、村镇融合规划等类型多样的规划分类模式，以更好地适应乡村振兴的现实需求。

2. 地方文件评价

相比国家层面的村庄分类标准，各省区更多地立足于发展和建设的实际情况，大多从村庄发展的某一维度出发，提出更为直截了当、简化易懂的分类方案，详见表6.5。在农规发〔2019〕1号文件出台前，各地村庄分类整体可以分为三种思路：一类偏重对村庄发展需求的考量，主要分为控制发展型、适度发展型、重点发展型，或划分为中心村、基层村等；另一类偏重对村庄建设需求的考量，主要分为改建型、新建型、保护型等；还有一种是从整治角度出发，划分为基本整治型、设施完善型、精品示范型等类型。但因各省村庄实际情况和发展阶段千差万别，分类标准也各有侧重，很难评价优劣。此外，有不少地区出台了村庄规划编制技术导则或办法，但没有明确村庄分类，只是从适用范围、现状调查、规划内容、规划成果以及其他编制要求方面作出了规定。

《关于统筹推进村庄规划工作的意见》（农规发〔2019〕1号）出台之后，各地认真贯彻落实，村庄规划的分类体系逐步趋于统一。个别省份考虑到自身的特殊性，对国家的村庄分类做了微调、补充或细化，或让地级市在制定相关指南时细分至二级分类，以更好地指导本地区的乡村规划建设工作。如河北注重对一般保留村的整治改善，提出"保留改善类"；福建更加注重村庄的价值挖潜和更新发展问题，提出"转型融合、保护开发"等类型；云南则从谨慎规划的角度明确提出"暂不明确类"。

地方住建部门关于村庄分类相关规定的评析 表6.5

序号	分类出发点	分类结果	优缺点
1	村庄发展	控制发展型、适度发展型、重点发展型，或划分为中心村、基层村等	覆盖面较广，能兼顾产业、人居、基建、景观等各方面，形成比较完善的村庄结构等级体系；其缺点是对特色保护类、城郊融合类村庄未能单独考虑
2	村庄建设	改建型、新建型、保护型	从村庄建设规划的角度划分旧村、新村和特色村，但不考虑产业发展、景观打造等问题，局限性较大
3	村庄整治	基本整治型、设施完善型、精品示范型	从村庄整治的角度，结合各村现状提出3~4种整治类型，形成有区别的整治方案；基本不考虑村庄发展问题，也很少考虑村庄建设、村庄用地指标等问题
4	——	不做分类	只是规定规划编制的流程、原则、内容、要求以及成果表达等。这种情况容易造成眉毛胡子一把抓，不利于有所为有所不为地开展规划编制与规划管理工作
5	遵循国家分类	基本形成"4+1"的五大分类体系	有利于形成上下一致的分类口径，便于管理；同时，整齐划一的分类，也在一定程度上掩盖了各地复杂多样、变化多元的特殊性

3. 村庄分类反思

村庄的规划建设是一项多目标的复杂系统工程，需要协调好历史、区位、自然、经济、社会等多因素之间的复杂交互的关系。因此，科学、系统、综合、可测度的多维指标体系是村庄分类的基础。但同样不能忽视的是，过多的指标、复杂的方法会严重降低村庄分类的可操作性，不利于方案推广和结果比较。如何解决这组矛盾，在保证科学性的前提下，用最简洁、最易得的指标，尽可能多地体现村庄发展的典型特征、识别村庄间的差异性、明确区分各种村庄类型，进而有效指导村庄规划建设，是亟需解决的核心问题。

同时，各地可根据实际情况确定村庄拆留并的比例，能留尽留，应拆（并）则拆（并），避免"一窝蜂"无差别地迁并。根据各地村庄分类施策的实践，建议保留村比例在45%～65%之间，迁并村比例原则上不大于25%，多考虑村庄留白的比重。详见表6.6。

村庄分类建议表 表6.6

一级分类	二级分类	数量比重	备注
保留村	集聚提升类	45%～65%	需编制"多规合一"实用性村庄规划
	一般发展类		
	城乡融合类		
	特色保护类		
迁并村	整村迁并类	15%～25%	不编制规划
	局部迁并类		保留部分需编制规划
留白村	其他类型	10%～20%	暂不编制规划

二、村庄分类依据研究

用村庄建设基础、人口规模、产业结构、资源禀赋四个层面可简单有效划分村庄类型，指导规划实践。略见图6.1。

建设基础：建设基础是衡量村庄服务能力、发展潜力的主要指标，是评估村庄自身设施配套、房屋质量、价值取向程度的重要指标，是评判村庄与外部环境良性竞争、互动发展、共享共建的先决条件，对村庄类型的划分具有重要影响。因此村庄建设基础条件可直观地评判出保留村、迁并村和留白村，作为村庄类型划分初期的直接依据。

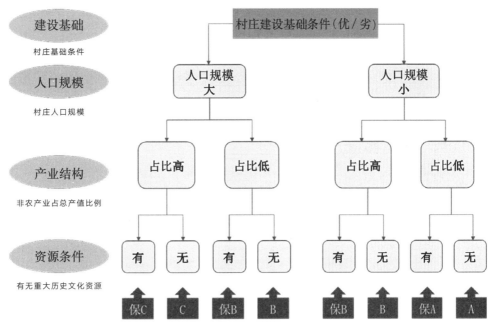

图 6.1 村庄分类判别流程图

人口规模：人口规模是衡量村庄发展潜力的重要指标，在镇村体系面临重组的当下，村庄人口规模在很大程度上也决定了村庄的存废和发展前景，对村庄规划建设有显著影响。此外，村庄人口规模与公共设施的配置需求密切相关，人口规模较大的村庄，其各项设施配套的成熟度会比规模较小的村庄高，这些村庄更具备完善公共服务设施和基础设施的基础条件，也更容易形成规模，更具有集聚性。

产业结构：产业经济结构是村庄职能的主要体现，是村庄发展趋势和能力的体现，也是村庄规划建设方向的重要依据。农村的工业化和城镇化是中国农村经济发展中的重要议题，因此用村庄内部经济非农化水平可简单区分传统农业村与特色产业村，作为村庄未来发展潜力的重要判别因素。

资源禀赋：资源禀赋是指村庄有无重大历史文化资源、自然景观资源，如已评选为历史文化名村、传统村落、少数民族特色村寨、特色景观旅游名村等的村庄或是有条件拟参与评选的村庄均属于资源禀赋高的村庄，且此类村庄对人口规模及产业结构敏感度较低，因此资源禀赋这一指标成为区分保护类村庄与非保护类村庄的关键因素。

三、村庄分类体系重构

（一）"2+1+2"的村庄规划分类体系

根据各地村庄规划编制技术导则对村庄分类的规定，结合中央五部委关于统筹推进村庄规划工作的意见，按照村庄的资源条件与发展潜力，整体可划分出五类，即集聚提升类、城郊融合类、特色保护类、搬迁撤并类以及暂不分类村庄。但在具体村庄规划编制过程中，五种村庄分类难以直接指导规划编制，还应根据村庄的复杂性，根据上述村庄分类简易流程对其进行再归类，明确各类村庄规划编制要求。

从村庄规划的编制要求来看，可构建"2+1+2"的分类体系。针对"提升类、保护类"村庄，需编制全面具体的村庄规划；针对"融合类"村庄，应根据发展实际情况的不同编制不同深度的规划；针对"迁并类、暂时看不准类"村庄，暂不编完整的村庄规划。

根据上述村庄分类简易流程可对需编制完整村庄规划的"提升类、保护类"以及部分需编制完整村庄规划的"融合类"村庄进行再分类，寻找各类村庄规划编制内在的共性与要求，破解因村庄分类角度不一致带来的操作困难。

1. 提升类

针对提升类村庄，由于村庄自然发展条件不一致，产业规模千差万别，设施配置完善程度不一，应在保留村庄的基础上，按照村庄的条件分为控制发展型、适度发展型、重点发展型三种进行规划编制，可简称为 A、B、C 类村庄。对于不同发展需求的村庄，村庄规划编制的内容及侧重点也应有所区分。如 A 类村庄，一般为自身发展基础条件相对较差，设施配套相对困难的村庄，其规划重点为确保安全，主要规划内容将围绕村庄农宅安全整修开展；B 类村庄，多为具备一定发展基础，地理位置较好，设施配套便捷的基层村，引导该类村庄在自身发展基础上适度发展，其规划重点为补短板，规划内容将在 A 类村庄的基础上补充村庄整治内容以及发展项目；C 类村庄，主要为中心村且一般为资源有特色、发展基础好的村庄，其规划重点为彰显特色，规划内容将在 B 类村庄的基础上，补充村庄特色要素挖掘与保护、产业发展规划等。

2. 保护类

保护类村庄主要包括历史文化名村、传统村落、少数民族特色村寨、特色景观旅游名村等，其规划原则为在严格保护的基础上进行特色发展。针对历史文化名村与传统村落等村庄的保护规划，按已有相关文件进行规范指引，如《历史文化名城名镇名村街区保护规划编制审批办法》（2014年）、《传统村落保护发展规划编制基本要求（试行）》（2013年）等。但保护类规划并不能完全代替该类村庄的总体规划，对于保护类村庄的建设发展也不能"一刀切"，可参照提升类村庄的规划方法，根据村庄的发展条件与需求将其分为3类，在明确保护需求的基础上分类编制村庄总体规划。

具体来看，保护类村庄中人口规模小且非农产业占村庄总产值比例小的村庄，一般属于基层村且村庄主导产业为传统农业种植，产业基础条件一般，其村庄总体规划应在严格保护特色历史、文化、景观等资源的基础上，控制村庄建设与过度开发，保障村庄安全，按照A类村庄要求编制规划；针对人口规模小但非农产业占村庄总产值比例大的村庄或人口规模大但非农产业占村庄总产值比例小的村庄，一般属于基层村但村庄规模较大或具有一定产业基础，其村庄总体规划应在保护特色资源的基础上，进一步整治村庄风貌，提升村庄设施环境水平，合理引导村庄特色产业发展，按照B类村庄要求编制规划；针对人口规模大且非农产业占村庄总产值比例大的村庄，一般属于中心村或村庄主导产业具有特色优势与规模，可积极发展乡村旅游等特色产业，其村庄总体规划应在保护特色资源的基础上，补充村庄特色要素挖掘与保护、产业发展规划等内容，按照C类村庄要求编制规划。

3. 融合类

融合类村庄即处于城郊接合部的村庄。根据城镇扩张情况，周边村庄包括两类：一类为近期保留、远期城镇化的村庄，另一类为适度保留、局部城镇化的村庄。两者区别在于村庄融入城镇的程度与规模。对于近期保留、远期城镇化的村庄，无需编制完整的村庄规划，可直接按照乡村建设规划内容实施，或只需编制近期整治规划。而对于适度保留、局部城镇化的村庄，因未来长期保持村庄的独立性，且靠近城镇、区位条件良好，基本可参照提升类中的B类村庄来编制规划。

4. 迁并类

搬迁撤并类村庄不具备长期发展的条件，近期加以保留，但远期将面临拆迁或者归并入周边的中心村等情况，因此不需要编制完整的村庄规划，可直接按照乡村建设规划内容实施，或只需编制近期整治规划。主要包含两方面内容：一方面，应保障村庄近期安全，开展危旧房整修等基础项目，满足村庄近期生存最低需求；另一方面，应对村庄闲置资源进行评估入库，考虑村庄土地、房屋、设施等资源资产的再利用，保障村民的切实利益。

5. 看不准类

对于发展走向未知、保护类型未定的村庄，应暂缓类型划定，避免盲目开展村庄规划编制。但对该类村庄应开展短期发展引导的规划工作，满足村庄基本诉求，不限制村庄发展的可能性。

（二）"A、B、C"村庄规划分类体系

甘肃等地在村庄分类实践中，曾提出过将复杂多变的村庄整体划分三大类的探索，具体为 A、B、C 三类村庄。该分类弱化了对迁并类村庄的考量，主要考虑了保留类村庄的分类施策问题。

1. A 类：控制发展型（安全）

类型特点：人口规模较小、辐射带动力一般、需要保留、不宜搬迁、未来在自身基础上控制发展的自然村或行政村。

主要目标：农房安全整修、村庄安全防灾整治为主。

核心信息：农房现状评价及安全整修措施、污垃工程整治、村庄空间管制区域划定，村庄地质灾害及生态环境的整治或修复。

2. B 类：适度发展型（整治）

类型特点：村庄分布相对较分散、整体环境承载能力逐年下降、乡村产业发展体系单一、村庄特色不够明显的一般村庄。

主要目标：以补齐短板和标定项目为主。

核心信息：村庄综合环境整治、基础服务设施和公共服务设施整治与完善、村庄空间管制区域划定、现有村庄空间格局优化与有效利用。

3. C 类：积极发展类（发展）

类型特点：人口集聚度较好、经济基础与公共服务设施基础较好、区位交通便捷的重点村、中心村或特色村。

主要目标：以特色要素挖掘、空间承载力提升为主。

核心信息：彰显村庄历史人文及资源特色、营造乡村特色风貌景观、夯实产业发展内涵、延续村庄空间格局、厘清乡村建设用地增量与存量的平衡关系、明确空间管制区域。

（三）融合型的村庄规划分类体系

贯彻中央及部委的精神，有效汲取各地的村庄分类规划及建设的成效和经验，延续美丽乡村建设行动推进计划、农村人居环境整治三年行动方案、打赢脱贫攻坚战三年行动计划等国家层面重大战略行动，充分考虑各地村庄发展与建设实际，提出融合型的二级分类体系。通过融合分类，形成粗细结合、利于操作、便于管控的村庄分类体系。

其中，在一级分类上基本延续了农规发〔2019〕1号文件精神，划分为提升、融合、保护、迁并、留白五大类型，清晰界定村庄的发展方向。在二级分类上，则对过于宽泛的"提升、融合、保护"三个一级类进行了细分：其中，提升类村庄根据其保留的重要性和发展的潜力，细分为"提升一类"和"提升二类"，分别对应适度发展型提升村和重点发展型提升村；融合类村庄根据其融合的时间进度和空间程度，细分为"融合一类"和"融合二类"，分别对应远期城镇化融合村和局部城镇化融合村；保护类村庄根据其保护力度和开发程度，细分为"保护一类"和"保护二类"，分别对应全域保护型和保护发展型。各二级类村庄的规划编制要求见表6.7。

村庄规划分类表   表6.7

村庄大类	村庄小类	村类命名	村庄分类	规划要求
提升类村庄	提升一类	适度发展型提升村	保留、适度发展村庄	需编制村庄规划
	提升二类	重点发展型提升村	保留、重点发展村庄	需编制村庄规划
融合类村庄	融合一类	远期城镇化融合村	近期保留、远期城镇化村庄	以近期整治为主可编制整治计划
	融合二类	局部城镇化融合村	适度保留、局部城镇化村庄	需编制村庄规划
保护类村庄	保护一类	全域保护型	保护、控制发展村庄	需编制村庄规划
	保护二类	保护发展型	保护、适度发展村庄	需编制村庄规划
迁并类村庄	—	—	近期保留、远期迁并	不编制村庄规划
留白类村庄	—	—	—	不编制村庄规划

考虑到融合型的村庄规划分类体系是在吸取其他分类体系优点基础上提出来的，且其在大类上与国家现行分类保持一致，在小类上又进一步考虑了基层的实操性问题，故这里推荐该分类体系。

第七章　技术要求

一、总体要求

实用性，体现在按需编制、管啥编啥、编能管用上。一方面分类编制，根据村庄特点和实际需要弹性选择编制的内容；另一方面可以分时编制，在村庄发展过程中根据实际项目建设需要分时滚动编制相关内容，最终叠加成为"一张蓝图，一本规划"；此外，村庄规划成果要深浅适度，面向不同的主体选择不同的表达方式。当然，针对乡村发展的不确定性，规划要预留一定的弹性，探讨规划留白机制。最后，对于国家级历史文化名村、国家级传统村落、全国特色景观旅游名村等，需要按照或参照《历史文化名城名镇名村保护规划编制要求》、《历史文化名城名镇名村街区保护规划编制审批办法》等相关规范或标准，严格执行并适度创新。

"多规合一"实用性村庄规划编制以实施乡村振兴战略为总抓手，按照《住房城乡建设部关于进一步加强村庄建设规划工作的通知》要求，围绕"生态保护、历史传承、发展安全"三大主线，以"三调"为基础统一底图底数，并积极鼓励各地探索适应本地区的村庄规划编制技术导则或指南，确保"村庄规划的改革发展与乡村整体发展进程相适应"、"农村人居的规划建设与乡村经济发展水平相适应"、"县域村庄的分类规划与各县（市）的新型基础设施建设，新型城镇化建设相匹配"。具体而言，可从体系划分、用地安排、产业发展、设施配置等八个方面提出编制技术的总体要求，避免"一刀切、运动式"的形式主义和急功近利，详见表7.1。

乡村规划编制的技术要求列表　　　　　　　　　　　　表 7.1

序号	要求类型	要求内容	具体阐释
1	体系划分	避免"一刀切"和"齐步走"	重视各地、各类乡村的差异性和特殊性，可先做试点再稳步推进，避免运动式冒进
2	产业发展	做到"全面振兴而不是全部振兴"	推动产业振兴，按地理条件选择适地性好且市场前景广阔的特殊产业，助力致富
3	设施配置	做到"有所为有所不为"，分类有序地对保留村庄进行设施提升优配	有所为有所不为，采取"增存并举"的提升优配措施，用足存量设施，用好新增设施

序号	要求类型	要求内容	具体阐释
4	用地安排	做到"落实传导、严控规模、节约集约、提质增效"	村庄用地原则上做减量规划，可采取多村间用地、指标整合互补的形式，实现捆绑发展、内部调剂、空间集聚的提质增效
5	风貌整治	做到"风貌整治、人居提质、塑造特色"	适度整治、适地整治，同当地文化和风土人情相协调，突出重大通道沿线、重大文化区板块、城乡接合部等区域的风貌整治
6	文化传承	做到"传承村落文化、融入现代文明"	传承文化、留住乡魂，管控好村内历史建筑、传统文物、文化遗址等，并梳理、激活非物质文化，打造乡村名片
7	成果表达	做到"减量化、清单化、定量化"，简明易懂、图文规范、便于实施	按照"多规合一"实用性村庄规划要求，注重图文规范、量化表达，尽可能化繁为简、化简为易、化易成趣、化趣成约，便于信息传递和规划实施
8	数据入库	确保"统一标准、精准入库、一张图管理"	以"三调"数据为基础，结合影像图判读、局部工程测量以及现场核查，形成精准的底图底数；确保规划成果精准落位，形成"一张图"数据库并引导规划管理

二、提升类村庄规划要求

提升类村庄指现有规模较大中心村、重点村、集中安置村以及其他仍将存续的一般村、基层村，占乡村类型的大多数，是乡村振兴的重点和主力军。由于该类村庄的统计口径过于宽泛，内部差异复杂多样，做"一刀切"的统一规定则可能降低规划编制的科学性、落地性。因此，宜根据区位条件、资源禀赋、发展基础以及未来前景等，将该类村庄进一步细分为适度发展型提升村和重点发展型提升村两个小类，并从规划编制的模式、目标、重点以及管控要求等方面明确这两个二级类村庄的差异性，进而分类指导细分类村庄各有侧重地开展规划建设工作，详见表7.2。

提升类村庄规划编制的技术要求 表7.2

序号	细分类型	包含村类	规划模式	规划目标	规划重点	用地管控
1	适度发展型提升村	一般村、基层村	减量规划	安全乡居管控空间整治完善	安全管理、环境整治、补齐短板、存量挖潜、空间管制	不预留新增用地指标，就近实现新建诉求；注重存量挖潜和腾挪
2	重点发展型提升村	中心村、重点村、合并或集中安置后的村庄	增存并举	集聚发展辐射带动重点提升	产业发展、设施提升、承载扩能、特色挖掘、格局优化	预留新增用地指标，接纳周边村庄的新建诉求；在村庄组团内平衡新增、挖潜的各类指标

（一）适度发展型提升村的规划要求

这类村庄数量巨大、分布广泛，多为保留下来的基层村、一般村，往往占据县域村庄总数的半壁江山，其基础条件尚可但规模不大、潜力一般或特色不够突出。该类村庄虽可归类为集聚提升发展类，但原则上实行存量规划、就近发展、逐步聚团，有条件的地方尽可能实行片区化、单元化规划，促进多村捆绑发展或围绕中心村集聚发展。当然，对于历史原因或现实因素要求保留的相对独立的一般村，亦可单村编制规划。

具体而言，在基本保持原有规模的基础上，有序推进村庄整治改造，重点确保住房、供水、供电、养老等基础性的安全需求，逐步补齐乡村必要的公共服务设施和基础设施；积极谋划村庄产业发展，打造村庄特色产业，拓宽村民收入渠道；适度增设休闲康养设施和村庄文化设施，整治提升村庄风貌，提升乡村人居品质。

在用地规划方面，本类型村庄一般不再单独新增建设用地或预留发展空间，其新建房、新建公共服务设施、新发展产业等方面的诉求尽可能在其所依托的中心村或重点村内实现。若在乡村生活圈服务范围内没有中心村，则可整合邻近的2~4个一般村组建片区单元，并共同选择一个区位居中、条件较好的村庄作为"共享发展区"，集中预留发展空间，实现组团发展、抱团取暖。村内的存量建设用地应通过空间漂移、邻村置换等多种方式，逐步向中心村、重点村集中。

通过"有所为有所不为"的有序引导、组团发展和社区化改造，形成就近绑定、就近整合、联村共兴的乡村振兴新路径。

（二）重点发展型提升村的规划要求

该类村庄多指中心村、重点村、合并或集中安置后的村庄及新型农村社区，个别地方可能把乡镇政府驻地村也纳入本类型，其占比约为县域村庄总数的15%～25%。这类村庄作为乡村振兴的主力军，是"三农"政策、"三变"改革的核心承载地，在乡村规划建设中起到关键的示范带动作用。

这类村庄原则上实行"增存并举、存量优先、重在提质"的规划模式，可根据发展需要适度预留发展空间。统筹考虑与周边村庄一体化发展，通过以本村或与周围几个村庄为单元编制村庄规划，结合宅基地整理、未利用地整治改造等留足发展空间，促进农村居民点集中或连片建设。具体而言，就是要突出中心地位和辐射带动功能，推进村庄一二三产业融合发展，着力补齐基础设施和公共服务设施短板，提升对周围村庄的带动和服务能力。通过集聚发展、重点提升，统筹捆绑周边多个一般村或基层村，携手朝着乡村社区化方向发展，并积极吸纳周边乡村的人口迁入、功能并入；鼓励发挥自身比较优势，激活产业、优化环境、提振人气、增添活力，强化主导产业支撑，支持农业、工贸、休闲服务等专业化村庄发展。留足村庄发展用地，乡村弹性建设用地指标重点向这类村庄倾斜，周边一般村或基层村的富余指标、存量指标等亦重点向该类村集中。

通过"就近吸收、帮带发展"的方式，将重点发展型提升村打造成乡村社区的服务中心、人居中心，并带动周边的保留村捆绑施策、共享发展。

三、融合类村庄规划要求

融合类村庄指全部或部分在城镇开发边界内的村庄。这类村庄能够承接城镇外溢功能，具备成为城市后花园和转型为城市建成区的条件，其居住建筑已经或即将呈现城市聚落、半城市聚落形态，村庄能够共享使用城镇基础设施，具备向城镇地区转型的潜力和条件。根据其与城市规划建成区的空间关系、功能关系的不同，这类村庄可以细分为远期城镇化融合村和局部城镇化融合村两个小类，以差别化地提出规划编制的技术要求，便于针对性地指导规划建设实践，详见表7.3。

序号	细分类型	包含村类	规划模式	规划目标	规划重点	用地管控
1	远期城镇化融合村	全部在城镇开发边界内	近期整治	人居环境整治、融城服务功能打造	推进城郊村庄风貌整治、补齐人居环境短板，承载城市外溢功能、增补城郊休闲配套	严控用地，减量发展；严控新建、加层等用地强度
2	局部城镇化融合村	局部在城镇开发边界内	局部整治规划＋部分发展规划	适度环境整治，重点是融城发展	适度推进村庄风貌整治、找准远郊村的功能定位、积极融入城市群或都会圈	适度留足城郊产业的用地诉求、城郊人居的建设诉求；重点向特色乡村倾斜指标；注重存量挖潜和空间置换

（一）远期城镇化融合村的规划要求

该类村是指全部农村居民点位于城镇开发界限内的乡村，未来将随城区扩张而逐步纳入建设区。此类乡村应与城镇开发界限内用地统一纳入城镇控制性详细规划。但在实施城镇化之前，为实现过渡期的基本生产生活，可参照"多规合一"实用性村庄规划要求制定乡村规划，在确保不与市县国土空间总体规划抵触的前提下，着重解决近期整治与远期衔接的问题，研究村民生活诉求、村庄安全诉求、融城服务功能注入、翻建改建临建的管理应对等，做好乡村风貌整治、危房维护修建、城郊商服配套、公共服务设施提升、管控及拆除违法建设、团体工业用地腾退整治等规划响应。

（二）局部城镇化融合村的规划要求

该类村是部分农村居民点位于城镇开发界限内的乡村，一般需要单独或联村编制乡村规划。可根据城镇的生长偏向、时序，乡村生长的意愿和详细项目落地实施等因素进行综合判断，可以与城镇开发界限内用地统一编制控制性详细规划，但更多的是作为田野单元或乡村单元单独编制详细类的村庄规划。该类村庄应综合考虑工业化、城镇化和村庄自身发展需要，加快都市型产业发展、基础设施互联互通、公共服务共建共享，促进城镇资金、技术、人才、管理等要素向农村流动，逐步强化服务城市发展、承接城市功能外溢的作用。用地方面应以建设用地增减挂钩、减量提质为原则，将乡村纳入城镇生长区统筹考虑、弹性引导，但在形态上应注重乡村风貌的保留。

四、保护类村庄规划要求

保护类村庄主要是指历史文化名村、传统村落以及特色景观旅游名村等特色资源丰富的村庄，还有部分少数民族特色村寨。这些村庄历史底蕴深厚、生态环境优美，需要加大保护力度，个别历史文化名村和传统村落甚至亟需采取抢救性的工程保护措施。这类乡村文化是中华民族文明史的主体，而村庄是这种文明的载体，可很好地展示传统的耕读文明和独特的乡村文化景观。应在开展价值评估、保护情况评价的基础上，按照或参照《关于加强传统村落保护发展工作的指导意见》《历史文化名城名镇名村保护规划编制要求》《历史文化名城名镇名村街区保护规划编制审批办法》等相关法规标准的要求，根据各村实际实行严格的"保护规划"，妥善处理好传统文化基因保护和村民生产生活、村落旅游发展之间的关系。统筹处理好保护、利用与发展的关系，努力保持村庄的完整性、真实性和延续性。切实保护村庄的传统选址、格局、风貌以及自然和田园景观等整体空间形态与环境，全面保护文物古迹、历史建筑、传统民居等传统建筑。考虑到特色保护类村庄有全域特色或全村特色、部分村组或部分建筑及遗存有特色、部分景观资源有显著特色等各种情况，建议把这类乡村划分成全域保护型和保护发展型两个小类，并提出差别化的规划编制技术要求，以更好地处理不同村庄保护与发展的矛盾，更有针对性地指导保护实践，详见表 7.4。

保护类村庄规划编制的技术要求 表 7.4

序号	细分类型	包含村类	规划模式	规划目标	规划重点	用地管控	示范村类
1	全域保护型村	全域村庄或主体村社有特色	保护规划：传承与管控	文化传承、文物保护、环境管控、建筑修缮	保护历史文化遗产及其历史环境；保护和延续传统格局与风貌、民族与地方优秀传统文化	除安置用地、配套旅游服务用地外，不再新增用地指标，注重用地管控	中国历史文化名村、中国传统村落名录、省及市级历史文化名村（或村镇）、全国特色景观旅游名村等
2	保护发展型村	部分村组或零散村寨有特色	保护规划＋发展规划：传承与发展	两个方面：古建筑、历史村组的保护；全村的经济社会发展	保护历史建筑、文物、遗产及其格局、环境；促进产业发展、设施优化、人居品质提升	原则上存量发展，可略微增配安置用地；可在村庄组团内平衡新增、挖潜的各类指标	—

（一）全域保护型村的规划要求

该类村庄主要指中国历史文化名村、中国传统村落、省级历史文化名村、省级历史文化保护区、省级历史文化村镇、市级历史文化村镇、市级历史文化名村等，以及全国特色景观旅游名村、省级特色景观旅游名村、少数民族特色村寨等，这些村庄历史文化或自然景观特别丰富且级别高、名气大，具有鲜明的历史文化价值、自然景观保护价值或者具有其他保护价值。这类村庄应当严格按照《历史文化名城名镇名村保护规划编制要求》《历史文化名城名镇名村街区保护规划编制审批办法》以及各地相关法规标准的要求，单独编制保护规划。通过明确保护原则和保护内容，保护措施、开发强度和建设控制要求，传统格局和历史风貌保护要求，核心保护范围和建设控制地带以及其他需要纳入保护内容，保持和延续历史文化名村以及传统聚落、特色景观的传统格局和历史风貌，维护历史文化遗产及其生存环境的真实性和完整性，继承和弘扬中华民族优秀传统文化，正确处理经济社会发展和历史文化遗产保护的关系。同时，可在严格保护基础上开展适度的文化及旅游活动，激活古村活力。

（二）保护发展型村的规划要求

该类村庄主要指部分村组或零散村寨、个别建筑群以及局部景观资源有明显特色，具备较高的历史、美学或生态价值，而村域的其他大部分村组或地域则没有明显特色。这类村庄的数量较多且分布范围较广，是特色保护类村庄主体，一般没有纳入省级以上历史名村、景观名村或传统聚落。本类村庄需要参照全域保护型村的规划要求，实行较为严谨的规划编制，特别是对个别村组、个别历史建筑等实行严格的保护和修缮；同时，考虑到其生产生活及村民致富的需求，可采取更为灵活的方式，实现传统文化、特色景观更好地衔接现代科技文化、时代乡村休闲等，有效平衡特色保护与发展安全之间的关系。处理好农业生产、村庄生活、村域生态、历史保护、资源开发之间的关系，建构以人为本、村景融合、产村互促的特色保护类村庄规划新模式。

五、其他类村庄规划要求

其他类村庄主要指撤并搬迁类村庄和规划留白类村庄。搬迁撤并类村庄是指生存条件恶劣、生态环境脆弱，或因国家大型项目需要搬迁，或人口流失严重的村庄，需要异地搬迁并妥善安置移民就业。而规划留白类村庄即为"暂时还看不准的村庄",这类村庄从目前发展环境尚难看出其所属类型,未来发展的方向和可能性尚待观察,需要在规划时留一个通道,以更好地尊重村庄的发展规律,适应未来国家的发展形势。这两类村庄暂不做规划,但考虑近期人居环境建设需要,各地可根据实际需要编制简易的近期整治计划表。

第八章　成果表达

一、总体性要求

新时代的村庄规划被赋予了更高的要求和期望，既要落实管控要求、体现乡愁、发展生产，又要兼顾村民的实际诉求、政策的发展导向、成果的实施效果等。为强化乡村规划成果指导性和可操作性，立足"多规合一""详细规划""多元对象""数据建库"等时代要求，应对规划图纸类型、制图要求、数据库建设标准和成果汇交等成果表达要求等进行规范，给出适应不同阶段、不同使用人群的成果制图样板，并提出管制规则样式和村规民约建议格式等。按照"多规合一"实用性村庄规划的要求，以实施为导向，重点围绕"实用、管用、好用"的目标，实现规划成果的简化表达、精细表达、多样表达，做到易懂、易用并具有前瞻性、可实施性，确保"图表易懂、村委能用、乡镇易管"，架构新时代乡村规划成果表达体系。

（一）基于多规合一的成果表达：统筹性、融合性、一致性

要整合村庄土地利用规划、村庄建设规划等乡村规划，实现土地利用规划、城乡规划等有机融合，编制"多规合一"的实用性村庄规划。村庄规划范围为村域全部国土空间，可以一个或几个行政村为单元编制。

具体而言，按照先规划后建设的原则，以第三次全国国土调查数据为基础，统一空间定位标准，统一工作底图，并对已有村庄建设规划、土地利用规划、村庄整治规划等各类规划实施情况进行评估，分析规划本身和实施中存在的问题，提出村庄规划编制建议；同时，乡村规划既要有效管制空间环境，也要发挥乡村的经济与社会活力，重点处理好空间规制与发展活力的关系，协调处理好系统性规划与简单实用性需求的关系。在"多规合一"的框架下，形成数据衔接、多元协同、多方平衡的"规划一张蓝图"，并通过实施方案和行动计划，强化规划运行机制和动态评估机制的管理策略设计。

（二）基于详细规划的成果表达：清单式、定量化、简单化

村庄规划是法定规划，是国土空间规划体系中乡村地区的详细规划，是开展国

土空间开发保护活动、实施国土空间用途管制、核发乡村建设项目规划许可、进行各项建设等的法定依据。因此，在成果表达时，应跳出概念性表达、粗线条表达、示意性表达等传统的规划成果表达模式，采取清单式、定量化、图示化的简化表达手法，力求清晰易懂、简洁明了、量化可行。一方面，可增强广大村民对规划的兴趣度和参与度，并较容易获取村民的反馈；另一方面，亦可增强成果的落地性，并有利于阶段成果实施效果的业绩考核与动态反馈。

（三）基于使用对象的成果表达：百姓版、政务版、报批版

村庄规划的使用者具有多元化的特征，包括村民、村干部、乡镇村建设管理干部、县规划管理部门以及外来投资者等；同时，在规划评审、报批过程中，还涉及规划专家、规委会组成部门领导等。因此，常规化的"一套册子统到底"的做法，很难适应不同群体的使用需求，亟需建构基于多元使用对象的差异化成果表达方式。

为力求做到政府用得上、村民看得懂、村镇干部用得顺且有利于宣传，乡村的规划成果表达应从"专业化"转向为"专业＋通俗"相结合的多样形式，主要包括标准版、政务版、公众版、行业党建版等多个版本。其中，政务版又被通俗地称为"干部手册"，是标准版的简化版本，内容以行动计划为重点，将文字表达通俗化、平民化，用于镇村干部实际指导项目建设，是保障规划可行动的重要成果。标准版也称之为专家评审版和政府审批版，主要体现专业性和规范性；而公众版也称百姓版，主要是结合前期调查发现的村民重点关心的问题，将所有成果浓缩表达在若干 A0 尺寸的展板上。每张展板采用图文并茂的形式，体现"项目引领、航片定位、前后对比"的总体思路，结合通俗易懂的文字，向村民清楚地展示村庄规划要"干什么项目、在哪里、建成什么样子"等内容。行业党建版主要从宣传的角度，提取核心思想和关键内容刊载宣传，并选择示范村进行典型宣传（表 8.1）。

基于使用对象的多版本成果表达差异比对表 表 8.1

序号	使用对象	版本名称	表达重点	表达方式	表达深度
1	评审专家	标准版	符合各地技术规范和相关技术要求	体系完整的技术报告	内容完整
2	政府领导、部门领导	报批版	符合政府公文形式，侧重行政思维表达	体系相对简洁的编制报告	内容精简
3	规划管理人员	政务版	从规划管控、规划引导方面作细化描述、量化设定等	侧重行动计划的干部手册	管控内容提取

序号	使用对象	版本名称	表达重点	表达方式	表达深度
4	村民／村干部	公众版	侧重于百姓关心部分的粗线条展示	图文并茂的展板或简图册	简洁易懂
5	普通公众	行业党建版	侧重于宣传展示的效果	关键内容粗线条刊载宣传	粗线条宣传

（四）基于数据建库的成果表达：标准化、精准化、信息化

数据处理及数据建库工作是村庄规划科学编制、有序管理的重要前提，明确村庄规划的数据体系、数据标准和整合建库的技术要求和技术路径至关重要。

为衔接国土空间规划体系，增强规划成果的指导性和可操作性，需对规划图纸类型、制图要求、数据库建设标准和成果汇交要求等进行规范，给出不同版本成果的制图样板、管制规则和村规民约建议格式等成果样式。具体而言，通过制定村庄方面的相关数据标准规范，统一空间基准，统一数据格式，统一质量管控，统一更新机制，对各类型的数据资源进行系统梳理，分析各类数据间的层次、类别和关系，制定统一的数据资源编码与分类体系，将村庄现状数据和规划数据整合入库，为村庄规划编制和后续管理提供直接参考；通过对村庄数据进行统一规划，并在结合村庄规划管理需求的基础上，将村庄数据叠加到国土空间规划"一张图"上，形成包括现状普查数据、规划编制成果数据、实施管理数据三大部分的村庄规划数据体系，从根本上实现城乡协同，为村庄规划落地提供信息支撑，提高村庄规划编制和国土空间统一管控的科学性。

二、分对象表达

（一）分对象表达的必要性

针对受众对象的差异性和基层工作的特殊性，有效提高村庄规划成果的可读性和传导性，一直是村级规划的弱点和难点，也是规划管理工作中的难题和顽疾。因此，建构基于不同受众群体的、差异化的规划成果表达方式，以确保编制主体、受益主体、管理主体以及相关公众均能轻松自如、准确高效地识别和接受规划成果信息，确保成果顺利落地。具体而言，村庄规划的受众群体主要可以分为五大部分：评审会、规委会、管理部门及乡镇人民政府、广大村民及村干部、普通公众，这些对象分别

具有各自特征，需要采取差别化的成果表达方式，详见表 8.2。

不同对象的主体特征、使用要求及建议表达方式 表 8.2

参与主体名称	评审会	规委会	管理部门及乡镇人民政府	广大村民及村干部	普通公众
各主体特征	专业性强	行政性强	基层管理人员专业性较弱，力量薄弱	文化水平低，规划理解弱	了解即可，无需掌握
各主体对成果的使用要求	规划传导、技术规范、编制程序等审查，技术审查为主	合规性、可行性审查，行政审查为主	合法性、合规性管理，行政许可及审批为主	知晓守规，自觉执行、自治提升	简单了解、选择性学习，可开展公众监督
建议采用表达方式	技术报告	工作报告 + 技术报告	干部手册	村民读本	宣传简报

（二）分对象表达的具体做法

针对不同受众，采取差异化的成果表达形式，形成各有侧重、有效传递、便于使用的规划成果体系，包括专家版、报审版、政务版、百姓版、公众版等五种版本形式，实现"实用、管用、能用"的目标，详见表 8.3。需要说明的是，不是每一个村庄的规划均需采取五种成果形式，各村可以根据自身需要选择其中的 2～3 种表达形式，也可以融其中的几种形式为一种，以实现简化表达。同时，需适应国土空间规划体系建构的要求，以第三次全国国土资源调查成果为基础，统一采用"高斯—克吕格投影"，2000 国家大地坐标系和 1985 国家高程基准作为空间定位基础，最终在村域空间内叠加形成不小于 1：2000 的村庄规划"一张蓝图，一本规划"，并统一纳入信息平台管理，引领乡村振兴战略实施。

基于不同对象的规划成果表达方式 表 8.3

参与主体	评审会	规委会	管理部门及乡镇人民政府	广大村民及村干部	普通公众
版本名称	专家版	报审版	政务版	百姓版	公众版
表达形式	技术报告	工作报告 + 技术报告	干部手册	村民读本	宣传简报

表达技法	侧重技术——多图多表有重点:"规划说明+主要图纸+必要附件"	侧重呈报——繁简结合有内涵:呈报文件+编制说明+主要图件+必要附件	侧重管控——两图两表一库:职能明细表+要点简化图+程序示意图+落实时间表+规范参数库	侧重公示与民约——两图一说明:规划总平图+整治示意图+通俗易懂的规划简要	侧重宣传——两简一概括:概括性说明+必要插图+必要插表"
情况说明	不论是哪个版本成果,尽可能简化表达;评审会和规委会用的成果,还需有汇报多媒体、成果展板等;在深度方面,各地可根据自身特色规定2~3种深度要求,形成深浅结合、实用管用的成果类型;不同发展环境的村庄,其成果构成和表达深度亦有所区别				

1. 专家版:技术报告

专家版又称评审版,主要是针对规划技术评审而形成的技术报告和评审材料。一般而言,专家版的成果是规划编制单位和委托单位最为关注的,也是村庄规划环节中极为重要的一环;因此,在以往的规划中,往往出现专家评审稿"一版规划统到底"现象,整个成果只有专家版一种形式,导致其他受众的识别程度、使用程度、执行程度均受限,影响了规划成果表达的科学性和规划成果落地的可行性。

一般而言,针对专家的技术评审成果是一套相对完整的技术报告,个别地方还要求附具村民意见、相关部门意见以及相应的响应说明等。根据村庄的重要性和特色性,可形成"规划说明+主要图纸+附件"的完整成果形式,也可以制作相对简单的"简易说明书+简单规划图"。其中,完整成果形式要立足"详细规划"的村庄规划层面要求,对村庄的用地管控、产业发展、空间优化、设施提升、风貌整治、生态建设等方面提出详细的规划设计说明,呈现分析图、规划图、设计图等相关规划图纸,并可附具前期研究报告、基础资料汇编、三生三线划定成果等辅助支撑材料。简化成果形式则可结合所规划村庄的规模体量、等级地位,以解决现状问题和近期诉求为规划目标,可选取农房整饰与街巷整治设计、农村新建房屋规划设计、农村风貌整治设计或农村生态环境整治规划等内容中的某一方面,有侧重地开展规划设计工作,形成包含简易说明书和必要图纸的简化成果。

2. 报审版:工作报告

报审版一般指规委会审查版和报批版,是针对村庄规划的法定审查和成果报批环节而提出的成果形式要求。由于报审版带有行政审查和审批的色彩，故其在成果形式表达方面往往呈现出严谨、繁简结合等特点，经常采取"工作报告＋技术报告"的成果表达方式。其中，工作报告包括开展规划编制的工作情况、遇到问题与解决对策、技术难点与突破思路等，可附具工作框图、工作照片等，可凝练成请示报告的形式呈报给规委会；技术报告包括规划说明、主要图纸、必要附件等，可采取简版技术报告的形式呈报给规委会审查；此外，报审版成果还涉及"一张图"数据库，需一并报审。村庄规划数据库建设包括规划图件（村庄规划现状图和村庄规划空间管控图等）的栅格数据和矢量数据、规划表格（规划指标表和土地利用结构调整表）等，叠加到国土空间规划"一张图"系统，实现信息管理平台的统一监管。

3. 政务版：干部手册

政务版主要是针对规划建设领域的行政管理人员和乡镇政府负责人而设计的侧重管控、指向规划管理的成果表达形式，俗称"干部手册"。一般而言，政务版采取"两图两表一库"的程式化表达方式，重点明确"管什么、怎么管以及批什么、怎么批"的问题。具体而言，做好职能明细表和规划落地时间表，明确业务部门和业务干部的职责范围、管理权限、管理方式等，并列清各类建设及产业项目的落地时序；同时，绘制规划要点简化图和管理程序示意图，明确村庄规划的核心要点、关键管控内容及管控标准等，让管理人员能一目了然地明确"干什么、怎么干"；最后，附具管控依据和相关规范标准的管制指标参数，确保基层管理干部"心里有数、执法有据"。

4. 百姓版：村民读本

百姓版主要是针对广大村民和村干部而设计的通俗易懂、简明扼要的成果表达形式。一般而言，百姓版采取"新村规民约＋公示简图＋村民读本"的复合形式，体现"简单表达、利于接受、易懂能用"的要求。

新村规民约是指采用当地喜闻乐见的"民谣、打油诗、顺口溜"等通俗的形式，把村庄规划的核心内容整理提炼成篇幅短小的村级自治导则或指南，形成非常大众化的语言表述形式。比如，把一户一宅、户有所居、闲置腾地、林田红线、养老医教、生态环保、历史遗存、先批后建、产业方向等规划及管理的关键内容，用幽默与诙谐的大白话整理成顺口溜或民谣，转化成广大村民进行自我管理、自我教育、自我约束的行为准则。

公示简图是指重点围绕"干什么项目、在哪里、建成什么样子"等关键内容，采用 A0 或 A1 图纸，把规划的核心结论、整治示意等内容张贴于村内人流集中处，以征询村民意见并接受村民监督。公示简图一般包含"两图一说明"，即规划总平图，含用地规划、项目布点、户型示意等小图；整治示意图，含景观、建筑、设施、道路、环境等整治示意；简要说明，通俗易懂的规划结论说明，该部分亦可在以上两张图纸中体现，不一定单独张贴。公示简图需要在图纸右下角预留编制组织单位、技术编制单位的负责人电话，以确保村民可以随时和相关人员沟通。

村民读本是指在村庄规划技术文件的基础上按照"贴近农村、贴近农民、贴近生活"的要求，提炼、转化成针对性强、通俗易懂、落地可行的简要读本或图文折页，形成包括"怎样认知村庄、怎样规划村庄、怎样整治村庄、怎样管理村庄"四大部分内容的便民读本和基层小册子。

5. 公众版：宣传简报

公众版主要是普通大众的报道形式或简报形式的成果。由于目前的村庄规划成果，主要面向的还是政府，社会感知、大众宣传、党政宣教等方面的关注还远远不够，这在一定程度上影响了公众对乡村地区的感知度和关注度，影响了全社会携手推进乡村振兴的氛围和热情。因此，在推进"多规合一"实用性村庄规划编制工作中，宜在县域村庄布局规划层面和单体村庄规划层面分别制作公众版的宣传简报，向社会公众传递乡村振兴的规划蓝图。考虑到单体村庄规划数量繁多、类型不一，可有意识地选择若干有代表性的村庄做简报宣传。

公众版的宣传媒介一般可以分为广播、电视、纸质媒体、宣传海报以及公众号、官方网址、行业网站等互联网，特别是通过县级融媒体中心整合各类宣传资源向社会公众做高效宣传推介。因此，公众版的村庄规划成果没有一个相对固定的形式，需要根据宣传媒介的不同而选择适应的表达方式，但均有内容极简、图文并茂、易于捕捉的展示要求。

三、分类型表达

（一）分类型表达的方式要求

不同类型的村庄，其规划目标和内容侧重点有着明显的不同，故其成果的表达形式亦应有明显的差别，以更好落实"实用、管用、能用"的规划要求。具体而言，针对提升、保护、融合三大保留类村庄的特点，结合国家、省市层面对不同类型村庄规划编制的要求，明确各自的规划重点和难点，形成针对性强、落地性好的规划成果，详见表8.4。

村庄类型	村庄特征	规划目标	规划重点	成果表达偏重
提升类	现有规模较大的中心村、重点村和其他仍将存续的一般村庄	按照乡村振兴重点和示范的要求，打造综合性或专业化的村庄，建设宜居宜业的美丽村庄	科学确定发展方向，有序推进改造提升，激活产业、优化环境、提振人气、增添活力	侧重于内容完整性，突出发展要素与提升动力的规划成果展示，发展抓手
融合类	城市近郊区以及县城城关镇所在地的村庄，含全部或部分在城镇开发边界里的村庄	在形态上保留乡村风貌，在治理上体现城市水平，强化服务城市发展、承接城市功能的能力建设	向城市转型、为城市配套，从空间、产业、设施、生态等方面向加快城乡融合，推进共建共享	侧重于城乡融合性，突出配套要素和融合共建的规划成果展示，融合抓手
保护类	历史名村、传统村落、特色村寨、旅游名村等自然历史文化特色资源丰富的村庄	保护传统风貌格局和整体空间形态，突出历史特色、旅游特色、地域特色	统筹保护、利用与发展的关系，努力保持村庄的完整性、真实性和延续性，释放特色活力	侧重于特色保护性，突出保护要素和文旅功能的规划成果展示，保护抓手
其他类	迁并类、留白类及其他类型村庄	这些村庄，原则上不再编制或暂时不编制规划，但考虑近期的安全管理、村民生存、风貌整治等必要的诉求，确有需要的可编制简要的、针对性强的短期建设计划或 1～3 年行动方案		

（二）分类型表达的具体做法

结合分类型表达的方式要求，在分对象表达的基础上对三大类村庄规划的成果形式进一步细化探讨，以更好地指导规划编制的工作实践。

1. 提升类村庄规划成果表达

作为乡村振兴的主力军，提升类村庄规划显得尤为重要，其成果表达的形式和信息传递的效果，对规划的落地实施起着至关重要的作用。提升类村庄规划成果表达要求略见表 8.5。

提升类村庄规划成果表达要求　　　　　　　　　　　表 8.5

序号	细分类型	包含村类	成果深度	表达形式	合村编制建议
1	适度发展型提升村	一般村、基层村	简化版成果	简易说明书＋简单规划图＋规划数据库	建议多个村庄合村编制
2	重点发展型提升村	中心村、重点村、合并或集中安置后的村庄	完整版成果	规划说明＋主要图纸＋必要附件＋规划数据库	可捆绑关联一般村合村编制

（1）适度发展型提升村

该类村庄规划涉及的专家版、报审版、政务版、百姓版、公众版等五种成果版本形式，均可采取相对简化的表达方式，以体现简明扼要、易懂好用的要求。特别是规划评审和报批阶段，建议采取"简易说明书＋简单规划图"的形式，把该管控的关键要素、可发展的核心抓手、须整治的主要方面、待协调的若干环节等表达清楚即可，不必过多拘泥于技术报告的完整性，更没有必要面面俱到。考虑到原则上不新增用地指标，故需把村民新建房、村庄新基建等诉求的解决方式说清楚，或在毗邻的重点发展村解决，或通过拆旧建新、内部增减平衡方式解决等。建议说明书也可以根据需要做成建房说明书、整治说明书或风貌提升方案等。

（2）重点发展型提升村

该类村庄规划涉及的专家版、报审版、政务版、百姓版、公众版等五种成果版本形式，建议采取相对完整的表达方式，以体现集聚提升、重点发展的规划要求。在规划评审和报批阶段，建议采取"规划说明＋主要图纸＋必要附件"的完整形式，把可管控的要素、能发展的抓手、应整治的方面、该协调的环节等均表达清楚，形成"体系完整、重点突出、统筹引领"的技术报告。考虑到"增存并举、存量为主"的规划模式，规划新增用地的空间和指标，接纳周边村庄迁移的诉求，预留服务周边一般村的空间；在指标方面，需通过列表或制图等形式专门说明在村庄组团内统一平衡各类新增、挖潜的指标，实现"建设跨村集中、指标跨村流动、发展跨村集聚"的目的。另外，还可以附具乡村社区化建设方案、重点内容论证报告、用地空间整理计划书、近期建设项目清单等。

2. 融合类村庄规划成果表达

作为快速城镇化过程中的特殊乡村地域，城边村、城郊村、镇边村以及部分都市化区域内的村庄面临着城郊融合或逐步纳入城镇开发的情况，这类村庄规划成果的表达形式将在很大程度上影响其融城发展的效果（表 8.6）。

融合类村庄规划成果表达要求

表 8.6

序号	细分类型	包含村类	成果深度	表达形式	合村编制建议
1	远期城镇化融合村	全部在城镇开发边界内	近期整治规划	整治说明书＋整治规划图＋规划数据库	可分区段多村整合编制
2	局部城镇化融合村	局部在城镇开发边界内	局部整治规划＋部分发展规划	规划及整治说明＋规划及整治图纸＋必要附件＋规划数据库	可捆绑紧密关联村共同编制

（1）远期城镇化融合村

该类村庄为近期保留、远期城镇化村庄，规划以近期整治为主。本类村庄实行用地严格管控、功能接入融合、设施融城共建、风貌提升整治的整治规划，可根据城市发展要求，实行分区段的多村整合编制。其成果主要围绕产业承接、功能融入、设施融合、风貌整治、环境整治等内容展开，表达方式上以服务网点布局、建设清单列表、施工详图表现、实施进度方案等为主。规划成果围绕"整治设计"这个关键手法，不拘泥于完整的体系化的成果，而是针对各地各村的实际情况，有侧重地推进城边村和近郊村的整治规划工作。

（2）局部城镇化融合村

该类村庄为适度保留、局部城镇化村庄，即村域的局部在城镇开发边界内，基本为中远郊型的村庄或是城镇飞地板块的城边村。本类村庄采取空间协调、功能接入、设施共享、风貌整治、田园打造、山林抚育的规划思路，根据城市或都市化地区的发展要求，捆绑紧密关联村共同编制。其成果主要围绕外疏产业承接、服务功能融入、城郊田园整治、都市农业保障、特色主题打造等内容展开，表达方式上以融合方式比选、产业清单列表、都市田园策划、特色主题营造、发展抓手明晰等为主。规划成果主要体现"产业承接、功能融入"，同时也兼顾"风貌整治、设施共享"，不拘泥于完整的体系化的成果，而是区别对待城镇化和非城镇化部分，采取差别化的规划措施；重点对非城镇化部分进行融城发展规划，打造城郊保障基地和特色服务村落。

3. 保护类村庄规划成果表达

特色保护类村庄是彰显和传承中华优秀传统文化、吸纳和承载乡村休闲游憩的重要载体，主要包括自然历史文化特色资源富集的各类村庄。这类村庄规划成果的表达形式应紧密结合《历史文化名城名镇名村保护条例（2017修改）》《关于加强传统村落保护发展工作的指导意见》《历史文化名城名镇名村保护规划编制要求》《历史文化名城名镇名村街区保护规划编制审批办法》等相关法律法规的要求，注重古建原貌的"完整性"保护、传统习俗的"活态性"保护与本土文化的"典型性"保护，形成可操作性的规划编制成果，详见表8.7。

保护类村庄规划成果表达要求   表8.7

序号	细分类型	包含村类	表达侧重	成果深度	表达形式	合村编制建议	备注
1	全域保护型	全域村庄或主体村社有特色	保护规划	全域达到控规深度，核心保护区达到修规深度	规划文本＋规划图纸＋附件＋规划数据库	单村编制	按照或参照《历史文化名城名镇名村保护规划编制要求》
2	保护发展型	部分村组或零散村寨有特色	保护规划＋发展规划	全域达到总规深度，保护区与居民点达到修规深度	规划说明书＋规划图纸＋必要图则＋规划数据库	单村为主可联村编制	不强制做规划文本和图则，可参照实用性村庄规划要求编制

（1）全域保护型村

该类村庄多指全域留存有历史文物、历史建筑以及其他历史景观，或者村内有体量较大、价值较高、知名度较大且开发条件较成熟的特色自然景观资源的特色保护型村落。本类村庄应该严格按照《历史文化名城名镇名村保护规划编制要求》《历史文化名城名镇名村街区保护规划编制审批办法》等相关规范要求组织成果表达，或参照这些规范要求形成国家级特色旅游村落的规划编制成果。

具体而言，该类特色保护村的成果应重点围绕"保护与活化"的要求，形成"规划文本＋规划图纸＋附件＋规划数据库"的完整且严谨的成果体系。其中，规划文本应当完整、准确地表述保护规划的各项内容，语言简洁、规范，对关键的保护指标、活化指标、环境指标以及相关管控要求等，需要作为强制性条款予以明确。图纸要求以"三调"数据为基础、结合现状测绘的现状地形图，形成工作底图；规划图上应显示出现状和地形，清晰准确，图例统一，图文一致。图纸包括历史资料图、现状分析及资源评价图、保护规划图、近期规划图等；特别是对控制性详细规划、修建性详细规划类图纸，力求做到能用好用；保护区划图、建筑分类保护规划图、特色资源分类保护规划图以及空间形态类管控规划图、文旅业态类引导规划图等相关图纸，应重点做准做细。村域比例尺按 1 ： 10000 或 1 ： 5000，村庄比例尺按 1 ： 500 ～ 1 ： 2000 确定。而附件则主要包括规划说明书、基础资料汇编、专题研究以及资源价值评估报告等；规划说明书包括历史文化价值和特色评估、历版保护规划评估、现状问题分析、规划意图阐释等内容；调查研究和分析的资料一般可以归入基础资料汇编。

（2）保护发展型村

该类村庄多指村域的局部区域或个别村组、个别建筑、个别历史遗址等具有较重要的历史价值、文化价值或旅游开发价值，其历史文化及景观特色主要局限在局部区域或局部单体上，而其他部分则与普通村落没有区别。这类村庄不可采取一刀切的保护规划模式，需要区别保护与发展的不同规划诉求，形成"个别保护、总体发展；局部保护、整体发展"的规划成果。具体而言，可以适度打破过于严谨机械且体系化的成果表达形式，朝着简化、实用方向靠近，形成"规划说明书＋规划图纸＋必要保护图则＋规划数据库"的成果结构；另一方面，可采取分类规划方法，区别对待历史保护区（特色景观区）与一般发展区，实行局部强化保护规划，其余部分侧重发展规划，并在设施共建共享、空间风貌融入、村庄功能提升等方面做足文章，形成"融保护于发展之中、藏管控于引导之中"的成果形式，强化村庄的资源保护利用、产业引导、业态策划、人居环境提升等方面的图文表达，并做细做实保护类建筑或村组的规划设计工作。在比例尺方面，局部保护区域的可按 1 ： 500 ～ 1 ： 2000 确定，其他居民点可按 1 ： 2000 确定，村域可在"三调"基础上转换成 1 ： 10000 或 1 ： 5000 的工作底图。

第四篇

实践与示范

第九章 集聚提升类村庄规划案例示范

——甘肃省民勤县和平村

一、项目背景与村庄概况

（一）项目背景

甘肃省民勤县是腾格里沙漠和巴丹吉林沙漠交界处的一片古老绿洲，县内下辖18个镇248个行政村。2017年起，全县坚持规划引领、科学发展，统筹推进城乡一体化进程，率先开展了村庄布局规划与分类引导工作，实行分类规划、精准施策、分批发展。按照《甘肃省村庄规划编制导则》要求，泉山镇和平村被列为保留重点发展型村庄，承担镇域副中心职责，县规划部门统一组织编制完成了《民勤县泉山镇和平村村庄规划》。2019年底，按照五部委的要求，重新对全县村庄进行分类指引，将和平村对等转换为"集聚提升类"村庄，统筹带动周边4个行政村协同发展。2020年底，按自然资源部办公厅发布《关于进一步做好村庄规划工作的意见》以及省市关于提升村庄规划编制质量的要求，对村庄规划开展"回头看"工作，对规划成果进行了动态完善，形成《民勤县和平村"多规合一"实用性村庄规划》。规划紧跟国家政策进行了多轮修改与完善，提出了"清单式、定量化、动态型"的建设内容和管控措施，为规划管理提供了适应性好、落地性强的法定依据，助力村庄实现从"输血"向"造血"的转变。随着规划成果的逐步落地，村民生产生活条件得到较大改善，以蜜瓜为主的产业特色得以进一步彰显，村庄整体风貌和村民精神面貌焕然一新。

（二）区位条件

村庄位于泉山镇北部，距离镇区8km，南距县城41km。北靠合盛村，西临中营村和新西村，南眺西六村。村北有民左公路、北仙高速穿村而过；村庄距离北仙高速福元下线口7km，是连接县城与北部诸多乡镇的关键枢纽，交通条件便捷（图9.1）。

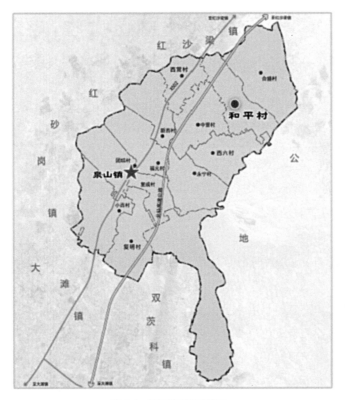

图 9.1　和平村区位分析图

（三）类型定位

　　该村作为泉山镇拥有耕地面积、建设用地面积、宅基地数量、人口数量最多的村庄，是带动周边乡村协调发展、共同致富的中心村。按照该村资源本底、乡村建设特点和村民诉求，将其定位为"重点发展型提升村"，合力带动周边合盛村、西营村、中营村、新西村四个村庄联合发展，积极承载周边村庄的异地收编安置。其中合盛村、西营村以及新西村属于逐步迁并型村庄，中营村属于适度发展型提升村庄，而和平村作为吸纳周边村庄居民的安置点村，属于重点发展型提升村。按照重点发展型提升村"增存并举、存量优先、重在提质"的规划原则，该村在原有 3 社、6 社两个自然村组宅基地集中布局，易地集中收缩安置居民点，规划总面积 11.72hm²，分成东西两个片区，规划安置 186 户，其中东片区集中安置 49 户，西片区集中安置 137 户。主要安置迁并型村庄的村民，同时对村内其他自然村社进行保留，重点对居民点内部人居环境及基础设施配套提质完善，改善村民居住生活环境水平。按照民勤县房地一体数据，对于村民自建宅前屋后的违建建筑和村内闲置的低效用地进行存量挖潜，腾退建设指标用于村庄居民点、产业、配套设施等建设项目。

（四）用地、人口与社会经济现状

村域面积 847.85hm²，现状用地呈团状散点布局，土地使用集约度不高。按照土地资源三大类划分，农用地占全域面积的 90%，建设用地及未利用地较少，两者合计面积约为 0.80km²，占 10%。从土地资源本身来看，耕地资源丰富，是西北典型的农业发展型村庄。

根据"七普"统计数据，村内总户数 396 户，户籍人口 1853 人。现有 11 个村民组，人口相对均衡地散布于各个自然村中，其中相对集中的居民点六社和七社为本村重点规划区域。村庄居民户数在 30 户以下的社有 2 个，30～40 户的社有 5 个，40 户以上的社有 4 个。11 个社中总人口 100 人以上、200 人以下的有 10 个，200 人以上的 1 个。

近年来，村内大力推广蜜瓜标准化种植技术，提高蜜瓜品质，推动蜜瓜产业向绿色化、规模化、专业化发展。同时积极推广种植"春提前、秋延后"特色蜜瓜，有效拉长了蜜瓜供应周期，错峰销售，大大提高了蜜瓜收益，切实解决了蜜瓜扎堆销售价格低迷的问题，真正实现让群众通过发展蜜瓜产业，走向"甜蜜生活"的目标。此外，和平村有机红枣产业发展喜人，相继建成现代温室大棚、生态养殖产业和农业产业化种植示范基地。

（五）现状总结

1. 交通条件：交通便利，区位优越
北有民左公路、北仙高速穿村而过，距离北仙高速福元下线口 7km，是连接县城与北部诸多乡镇的关键纽带，交通条件便捷。

2. 用地条件：依田而居，相对分散
下辖村民小组较多，各个村民小组宅基地分散镶嵌在农田林网之中，土地集约度不高，且被建设用地切割的不少农田，也在一定程度上影响了大规模集中连片耕作。

3. 产业基础：蜜瓜兴起，初成规模
村内主导产业经历了多次变更。2018 年之前，大田作物种植，以玉米和葵花种植为主，畜牧业以散养项目为主。2018 年之后，以现代农牧业与休闲旅游业为主导方向，重点发展瓜果、蔬菜、红枣等经济作物种植，同时规模化发展养殖业。随着蜜瓜产业的兴起，全镇以蜜瓜为主导产业，借助区位优势以及原有的农业基础，蜜瓜种植面积已经粗具规模，且对周边乡村形成了较好的带动效应。

4. 设施配套：逐步完善，利用不足

依托原有小学配有村委会、卫生室、活动广场各一处，但文化娱乐设施相对欠缺，不能完全满足村民的生活需求，也不能满足示范村庄建设要求，且村庄公共设施占地比例偏低，服务质量也有待提高。

5. 建筑风貌：房屋破旧，特色不明

住宅条件一般，人居生活环境改善空间较大。现状房屋建设分为建筑质量较好、建筑质量一般和建筑质量较差三类，从时间上分，有1980年以前、1980～2000年和2000年以后三个阶段建造的房屋。2000年后建的房屋质量较好，为砖石结构，但存在特色不突出、与旧建筑风貌不完全相融等问题。1980～2000年建设房屋建筑质量一般，村内大部分建筑为这一时期建设，主要为砖土结构。村内现存1980年以前建设房屋数量较少但独具特色，年代久远，多数已经废弃无人居住，质量较差（图9.2）。

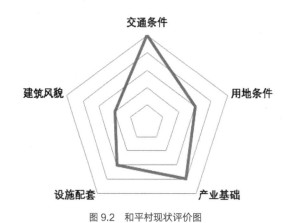

图9.2 和平村现状评价图

二、诉求分析与发展体检

（一）村民诉求

1. 设施方面

重点解决本村上下水及环卫类设施，主要是污水收集系统、垃圾清运系统以及村庄公厕等；进一步完善本村道路系统和文化标识系统，推进村庄绿化、景观、休闲设施的建设。解决通社路硬化和局部拓宽的问题，并实现入户路的硬化；另外，村庄亮化、美化等方面的工作相对落后，需结合道路硬化、路基局部拓宽等工作一并推进。

2. 生态方面

利用好村庄的特色农业资源，进一步整治面源污染，并结合乡土景观塑造、乡村休闲旅游、乡村灾害治理等工作，统筹布局建设空间与生态绿化空间，实施生态修复、林网治沙、乡村绿化等生态建设工程。

3. 生产方面

乡村产业主要以一产为主，产业振兴成本较高，业态类型相对单一。发展乡村旅游业，包括乡村农家乐、乡村民宿等；通过整合现有的农业设施和闲置用地，逐步发展农产品加工业，拓宽农业产业链。

4. 生活方面

居民点存在公共空间荒废、院落空废、杂物堆砌等现象，影响乡村生活环境和乡居品质。此外，本村有超过 35% 村民有较强的集中收缩、就地新建的意愿，主要集中在中青年人群。

（二）村庄体检清单

将村庄基本情况、现状产业发展、道路交通建设、市政基础设施、村民搬迁意愿等多个方面，以清单式、定量化的表达方法，直观清晰表达出来，形成体检清单，详见表 9.1。

和平村现状体检清单　　　　　　　　　　　　　表 9.1

城镇	村庄	村庄基本情况					现状产业			道路交通			公共服务设施	市政设施		村民搬迁意愿		备注
		人口规模				村民小组（个）	传统农业	设施农业	养殖业	对外交通	通村路	通社路		给水	环卫设施	已搬迁社区户数	搬迁意愿	搬迁去向	
		户籍人口	常住人口	人口结构	低保户数														
泉山镇	和平村	1853人（393户）	1160人	50岁以上	25户	11	大田种植葵花、玉米	800亩设施红枣，1000多亩设施蜜瓜	以散养为主，有部分小规模的苏武沙羊养殖户	民左路和北仙高速	100%硬化	无硬化19km	农家书屋、村委会卫生室、广场	人饮工程	11个垃圾收集池	十几户至团结社区	部分村民要求集中安置；部分村民要求就地拆迁建新	本村或县城	60岁以上400人；蜜瓜纯收入5000元/亩

三、规划思路与目标定位

（一）规划理念

1. 带动周边，集聚提升

按照和平村与周边四村联动发展、融合共建和平乡村社区的思路，实行"强中心、带四周、共建共享"战略，促进各类设施的高效投放，推动各类产业的集约建设，逐步引导人口和服务向中心村集中，加速中心村现有设施及景观的更新改造力度。

2. 尊重村民，集中收缩

顺应村民"居民点适度集中收缩"的意愿，承接周边撤并村庄的安置需求，通过对农村生产、生活、生态等要素的统筹规划与布局，实现本村与周边区域的整体协调发展，引导土地集约利用、空间集聚发展、产业共同兴旺。

3. 全域管控，优化格局

以"三调"数据为基础，系统梳理现状用地矛盾与问题，按照《甘肃省村庄规划编制导则（试行）》要求，结合用地结构和布局调整的方向，尝试在村庄规划层面划定"三区三线"。其中，"三区"包括建设空间、农业空间、生态空间，"三线"包括生态保护红线、永久基本农田保护红线和村庄建设边界。在此基础上，探索提出乡村层面的"三区三线"管控规则（图9.3）。

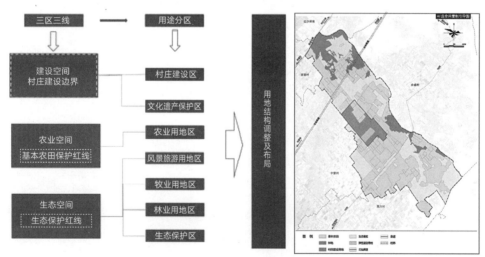

图9.3 村庄管控思路及管控引导图

（二）总体定位

以乡村振兴战略为指导，按和平乡村社区综合服务中心的规划思路，联合本乡村社区周边村庄，一并将和平村建设成为国家农科园——蜜瓜园发展引擎区、沙漠绿洲农业"四新"经济示范地、绿洲乡村振兴示范村。

1.国家农科园——蜜瓜园发展引擎区

以"产村一体、产景一体、产园一体"为抓手，奋力推进"三村建设"（绿色乡村、文化乡村、休闲乡村）和林果产业园区建设，重点发展农业旅游，提升村庄人居品质。

2.沙漠绿洲农业"四新"经济示范地

坚持创新农业经营理念，积极引进高精尖农业新技术，开发农家乐、乡居民宿、乡村文创等农旅文结合的新业态，创新农业＋互联网、旅游、文化等"农业＋"新模式，重点打造现代农业产业园、产业融合美丽经济示范点，引进培育新型农业经营主体，推进农业转型升级，大力发展新产业，着力打造农业"四新"经济（新技术、新模式、新业态、新产业），将和平村建设为沙漠绿洲农业"四新"经济示范地。

3.西北绿洲区乡村振兴示范村

以现代农业为主导，打造集特色种植、生态养殖、流通加工、农事体验等于一体的多产融合发展美丽宜居示范村。

（三）发展目标

以促进村庄经济社会各项事业全面协调发展为总目标，耕地保护与村庄建设并重，确保生产、生活、生态、生存"四位一体"整体快速发展，建设"生产发展、生活宽裕、乡风文明、村容整洁、管理民主"的特色村庄。联动周边蜜瓜产业区块，共同打造国家农科园——民勤国家"蜜瓜园"；积极发展规模养殖，做大以苏武沙羊为主的特色畜牧业；探索发展乡村文旅产业，形成绿洲边缘的乡村休闲高地。

（四）指标体系

为推动国家农科园的规划建设，达到生态环境优美、配套设施完善、管理文明有序、社会保障健全的新型农村社区和幸福家园的规划目标，根据对村庄发展的预测，制定以下指标体系，详见表9.2。

村庄规划指标体系表　　表 9.2

类别		指标项	指标			备注
			基期 2017年	基期 2020年	规划期末 2035年	
基本指标	经济发展	乡村常住人口 / 人	1160	1676	2300	
	人民生活	人均预期寿命 / 岁	75.1	75.5	≥78.00	
		平均受教育年限	10.5	10.6	≥10.8	
	公共服务	九年义务教育目标人群覆盖率 /%	100	100	100	
		农村五保供养目标人群覆盖率 /%	—	100	100	
		新型农村养老保险参保率 /%	—	95	100	
	基础设施	通村道路硬化率 /%	100	100	100	
		生活垃圾无害化处理率 /%	—	85	99.5	
		自来水普及率 /%	80	100	100	
		生活污水处理率 /%	—	—	90	
		农村卫生厕所普及率 /%	—	25	100	
	生态环境	农作物秸秆综合利用率 /%	80.5	90	100	
		地膜回收率 /%	85	85	95	
		畜禽规模养殖废弃物利用率 /%	70	72	85	
		病死畜禽无害化处理率 /%	—	95	100	
		使用清洁能源的农户数比例 /%	—	30	75	
特色指标	"四新"经济	农家乐户数 / 户	0	2	15	
		乡村电商服务站点覆盖率 /%	—	60	80	
		引进农业先进技术人员 / 人	—	1	≥5	
	乡村振兴	农业专业大户 / 户	—	15	50	
		农牧民人均纯收入 / 元	8000 ~ 9000	8000~ 10000	36000	
	国家农科园	种植类庄园面积 / 亩	—	1	≥5000	
		畜牧类庄园面积 / 亩	0	0	≥1500	

注：和平村村庄规划从2018年开始启动，因部委、省市相关要求和规范的变化，该规划历经多版修改或修编，故本表把2017年、2020年的基数都列上。

四、编制方法与技术路线

（一）规划编制思路

1. 以全域统筹为基础，以底线思维谋发展

从县域着手，以乡村社区为调研单元，从村庄数量规模、建成区面积到村庄人口、

地理禀赋和发展现状等方面全面摸清家底，实行"县—镇—村"联动的基础条件调研工作。做好基于空间基础的差异化分类引导，分为集聚提升、城郊融合、特色保护、搬迁撤并四类村庄，通过统筹分配用地指标等资源要素实现全域统筹，协调好县、镇、村三级国土空间的联动布局和有序衔接。

2.以空间数据为支撑，确保规划顺利开展

以"三调"数据作为基础空间数据，在此基础上进一步复合现状与发展需求，整合村庄布点规划、土地利用规划、建设规划等类型的规划，充分整合政府相关部门的数据，并利用互联网、大数据等手段实现多专业有机融合。

3.以村民（含外来创业、就业人口）为主体，围绕村庄活力开展规划

村庄的主体是农民，规划编制中坚持"听民声、汇民智、重民意"的工作理念，编制过程以解决村民的现实矛盾为抓手，以直观生动的方式与村民探讨村庄发展的实际问题，站在农民的角度做规划谋发展，村民充分参与决策，在尊重自然和生态的基础上编制符合本村庄产业、风貌、乡土文化特色的规划，提升村庄长远发展活力。

（二）规划编制过程

1.驻村规划，进社入户

规划编制团队通过实地踏勘、入户走访、部门访谈、问卷调查、驻村体验等多种方式方法，深入了解相关部门、村两委和村民的发展诉求，调查村庄的国土空间现状。实施跟进、及时反馈现状问题，推敲规划方案，践行"赤脚规划师"。

2.动态规划，多规合一

叠加分析测绘地形、"三调"数据、房地一体数据及影像图片，消解图斑冲突和数据差异；叠合相关规划，融入县级国土空间规划成果内容，多维矫正、数据融合、反复推敲，最终形成"现状一张图"和"规划一张图"。

3.落地规划，清单伴行

以实用性、落地性为原则，探索"清单式、定量化"的数图表达方式，直面农村问题、响应农民诉求、引导农业发展，全周期伴随乡村建设。

4.百姓规划，简化表达

取百姓意见，应百姓诉求，做百姓规划；通过简化表达，定量展现村庄规划调整意图，增强成果可读性，增进百姓福祉和规划参与度，提高规划实施性。

（三）技术路线

按照"多规合一"实用性村庄规划的编制要求，结合国土空间规划体系建立的技术标准，形成"实施导向下的村庄规划编制技术路线"，详见图9.4。

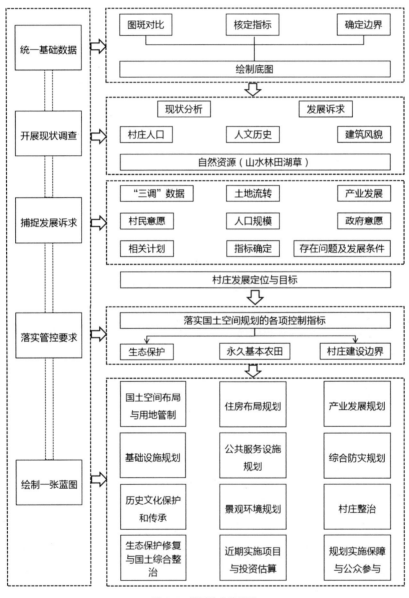

图 9.4　规划技术路线图

五、主要内容与成果表达

（一）规划构思

1. 丰富多样的空间布局

在满足朝向、日照、地形的条件下，结合"双评价、双评估"成果和村庄体检结果，布局村庄新建建筑物，有机组织，错落有致，实现每户均有良好的景观视野，并利用空间围合、院落形式等创造较好私密性，增强邻里亲和性。

2. 流动交融的景观体系

强调连续的绿化体系和流动的景观空间，重点营造村庄内部公共绿地景观空间，强调整个村庄与环境的交融渗透、景观与建筑的和谐、步移景异的人景互动。

3. 按需匹配的公共服务设施

结合村庄实际的发展需求及现状设施，按照"适度集中、重点保障、共建共享"的原则，进行村庄设施建设，最终形成"管理高效、服务便利、生活舒畅"的村庄公共服务设施布局，方便村民生活。

4. 亲和温馨的家园气氛

通过规划布局、空间形式、流线设计、建筑形象、绿地风格、配套管理系统等各方面配合，营造人与自然的亲和感，形成人地协调共生的绿洲人居模式。

（二）功能结构

根据资源本底和规划构思，总体优化全域格局，形成"安全、保护、发展"三者兼顾的全域空间，形成"一心带两点，两轴连三片"的功能结构。

一心：即生活服务中心（和平乡村社区的综合性服务中心）。其中主要通过"两心两场"和"一社一校"等公共服务设施的集中配置提高村庄生活服务质量。

两点：即蜜瓜产业主题节点、农牧产业主题节点。蜜瓜产业主题节点主要依托村域西北部的有机蜜瓜产业区，农牧产业主题节点主要依托村域东南部的农牧产业区。

两轴：即村庄发展主轴（南北向的主轴）、村庄发展次轴（东西向的蜜瓜路）。村庄发展主轴联通一心两点，纵贯三片区，促进村域南北两侧联合发展。村庄发展次轴联通生活服务中心，横贯村域中部使生活和农牧生产相互协调融合；同时，次轴东延线接到收成镇，形成蜜瓜大道。

三区：即生活服务区（含文旅休闲区）、蜜瓜产业区、农牧产业区（含红枣产业区）。

（三）产业发展

1. 产业体系构建

结合本村产业发展现状和未来发展趋势以及国家农科园建设目标，形成"1+1"产业体系，即 1 个特色主导产业 +1 个配套产业。

一个特色主导产业——现代农牧产业

整合村域现状用地及邻村用地，规模化发展现代农牧业。在相对可控的环境条件下，采用集约高效、可持续发展的现代农业生产方式，将农业先进设施与农地相配套，实现集约化规模经营。扩大设施大棚种植规模及暖棚养殖规模，运用现代高科技推广科学生产操作规范，促使农业向专业化、标准化方向发展。

一个配套产业——休闲旅游产业

依托特色主导产业，配套衍生发展特色观光采摘和田园生态休闲旅游产业，吸引本地、周边县市及外省游客，逐步扩大宣传，为国家农科园（蜜瓜园）旅游产业注入新鲜活力。

2. 产业发展布局

以"对接产业园区、拓展产业链条，传承沙井民俗、复兴乡村文脉，保护绿洲民居、感知地域乡愁"为宗旨，依托产业发展现状，划分五大产业片区，包括乡愁文化体验区、现代农牧科创区、有机蜜瓜产业区、田园休闲体验区、生态涵养区。

（四）用地布局

本次规划主要居民点新增建设用地与基本农田无冲突。未来随着村庄的发展，村域范围相对分散的自然社，主要包括一社、二社、四社、五社等，逐步向主要居民点集中。弹性用地占用基本农田 7.86hm²，建议国土空间规划中进行调出。

村庄主要居民点规划用地面积 79.10hm²，规划建设用地 39.63hm²，占主要居民点规划总用地面积的 61.90%，人均建设用地为 271.44m²／人，在规划中确保新增建设用地人均不超过 180m²。

村民住宅用地 24.30hm²，人均居住用地面积 166.44m²／人，占主要居民点建设用地比例 61.32%。

公共服务用地 5.96hm^2，人均 40.82m^2／人，占主要居民点建设用地比例 15.04%。主要居民点为和平社区所在地，规划布局的公共服务设施及场所要服务于周边四个村庄，因此公共服务用地占建设用地比例较村庄规划用地比例高。产业用地 1.21hm^2，人均 8.29m^2／人，占主要居民点建设用地比例 3.05%。

基础设施用地 8.16hm^2，人均 55.89m^2／人，占主要居民点建设用地比例 20.59%。为提供社区居民优美优享慢生活，在社区范围内多处布局慢道，因此基础设施用地占建设用地比例较村庄规划用地比例高（图 9.5～图 9.7，表 9.3）。

和平村主要居民点建设用地平衡表　　　　　　表 9.3

用地名称	现状用地			规划用地		
	用地面积／hm^2	占主要居民点建设用地比例／%	人均建设用地／m^2	用地面积／hm^2	占主要居民点建设用地比例／%	人均建设用地／m^2
村民住宅用地	13.84	83.02	419.39	24.30	61.32	166.44
村庄公共服务用地	1.20	7.20	36.36	5.96	15.04	40.82
村庄商业服务业设施用地	0.00	0.00	0.00	0.57	1.44	3.90
村庄生产仓储用地	0.00	0.00	0.00	0.64	1.61	4.38
村庄基础设施用地	1.63	9.78	49.39	8.16	20.59	55.89
主要居民点建设用地	16.67	100	505.15	39.63	100	274.14

备注：1）2017 年、2020 年主要居民点现状常住人口分别为 330 人、341 人。

2）2035 年主要居民点规划常住人口 1460 人（不含远景规划用地容纳的人口）。

3）用地名称"村庄 ** 用地"属于术语，但本表主要针对主要居民点用地进行平衡或汇总。

4）垃圾收集点、公厕面积较小，忽略不计；污水处理设施位于主要居民点范围外，因此主要居民点公用设施用地基本没有。

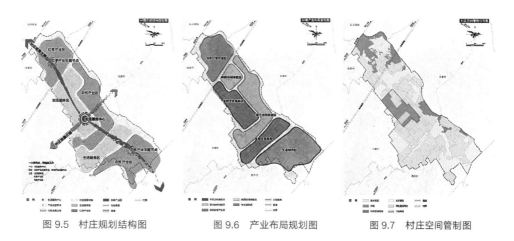

图 9.5　村庄规划结构图　　　　　图 9.6　产业布局规划图　　　　　图 9.7　村庄空间管制图

（五）详细规划设计

1. 农宅设计指引

本着节约用地并与现状村庄建筑高度、风貌相协调的原则，新建农房采用一层或二层院落式建筑形式，屋顶主体为坡屋顶，局部为平屋顶，整体色彩为白墙灰瓦。

本次规划共新建农宅 349 户，分为四种户型。户型一 205 户，户型二 31 户，户型三 83 户，户型四 30 户。

户型一：每户宅基地面积为 327.6m²，建筑层数为一层，户型建筑面积为 111.80m²，单位造价 1500 元 /m²，总投资 16 万元。该户型主要由 1 个客厅、3 个卧室、1 个餐厅、1 个厨房、1 个卫生间组成。院落布置主要分为前庭和后院，屋面为起脊挂瓦屋面和平屋面坡檐口两种形式相结合。

户型二：每户宅基地面积为 325.5m²，建筑层数为一层，户型建筑面积为 120.11m²，单位造价 1500 元 /m²，总投资 17 万元。该户型主要由 1 个客厅、3 个卧室、1 个餐厅、1 个厨房、1 个卫生间和走廊组成。在前墙单独开一个 3.60m 的大门，以便小汽车进入前院停车。

户型三：每户宅基地面积为 198m²，建筑层数为一层，户型建筑面积为 69.66m²，单位造价 1500 元 /m²，总投资 10 万元。该户型主要由 1 个客厅、2 个卧室、1 个厨房、1 个卫生间组成。

户型四：二层住宅，适用于三代居 6 ~ 8 人家庭，该户型中居住、会客、厨卫、储藏、停车库功能齐全。户型建筑面积为 191.21m²，院子占地面积为 75.35m²。其中，一层建筑面积为 96.90m²，二层建筑面积为 94.31m²，每平方米造价 1500 元，总造价为 28.60 万元（图 9.8）。

2. 庭院设计指引

院落是村庄住宅的重要组成部分，对院落各要素包括房屋、厕所、洗澡间、停车位、杂物间、绿化等进行统筹安排。规划突出庭院的经济适用性、美观整洁性，院落硬化宜使用地方材料，采用透水型青砖、石材铺砌，建议院落内的圈舍统一安排至靠门一侧，绿化以果树、蔬菜种植为主，各户根据实际情况可适当栽种花草，墙边可种植爬藤植物，可设置棋盘石、藤架等，丰富院落景观，使之成为环境优美、适宜生活居住的现代农村庭院（图 9.9）。

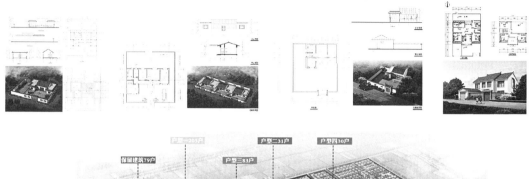

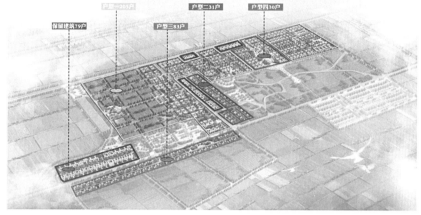

图 9.8　主要居民点住宅户型设计指引图

图 9.9　庭院设计指引图

3. 公共建筑整治指引

村委会、卫生室、集中商业点等公共服务建筑应满足基本功能要求，宜小不宜大，尽量利用现有建筑，建筑形式与色彩、色彩与村庄整体风貌协调。同时，充分考虑周边村庄到本村异地安置的服务需求，留足公建空间，强化公共服务。

六、规划特色与经验总结

（一）规划创新

1. 在规划方法上：提出了"三生三线，全域管控"的新方法

通过"三生空间划分"与"三线管控划定"提高规划的严肃性与实用性，严控村庄建设用地边界，保障农业空间、生态空间的底线规模与基本格局，合理引导村庄空间可持续发展。

以实施乡村振兴战略为抓手，科学划分生产、生活、生态三类用地功能，优化生态空间、农业空间和建设空间，落实上级规划空间控制目标任务，明确具有特殊重要生态功能或生态环境敏感脆弱区域的生态用地规模、管制规则和保护修复措施；明确耕地与永久基本农田保护目标，高标准农田建设与耕地质量建设目标；制定三产融合中设施农业用地的监管规则；明确宅基地、经营性用地布局和规模，合理配置公共服务设施用地，落实上位规划交通用地、基础设施用地、绿化用地等强制性用地的规模和布局，制定布局优化方案和管制规则，划定村庄建设边界、永久基本农田保护红线和生态保护红线，在大比例尺的地图上细化各类用地布局，实现更加翔实、明确的全域土地用途管制。

2. 在编制模式上：形成了"增存并举、存量优先"的新模式

对村庄存量用地、存量设施、存量建筑、存量景观等存量资源进行系统梳理和评估，建构村庄存量资源发展潜力数据库。运用存量优先、增存并举的乡村更新模式，对村庄各类存量资源要素进行系统化的整合规划和更新设计，并结合村庄发展重点及建设时序，开展项目策划和政策研究。按照民勤县房地一体数据，对于村民自建宅前屋后的违建建筑和村内闲置的低效用地进行存量挖潜，腾退建设指标用于村庄居民点、二三产业、配套设施等项目建设。

3. 在空间安排上：形成了"捆绑发展、引导集中"的新格局

和平村作为重点发展型提升村，是带动周边村庄联合发展的主力军。规划突出其中心地位和辐射带动功能，推进村庄一二三产业融合发展；着力补齐基础设施和公共服务设施短板，提升对周围村庄的带动和服务能力。按照就近异地收缩安置要求，结合村内居民点整治改造，集中布局安置区，积极承接乡村社区内搬迁撤并类村庄的异地安置和保留一般发展类村庄的分户新建诉求。结合各村收缩集中、人居提质的轻重缓急程度，合理安排搬迁计划，分期分批有序搬迁，并按一户一宅要求及时

腾退原有宅基地。结合农村土地整治和农用地集约利用的最新政策要求，规划优化农村土地和农业生产。

（二）经验启示

1. 集中强化空间功能，提升空间承载能力

按照乡村社区综合服务中心和镇域副中心的功能定位，在片区综合服务功能打造、片区居住功能承接、片区人口转移承载以及片区发展空间预留等方面，和平村做了总体考虑和空间安排，包括留足乡村社区的异地安置用地以引导周边四村逐步向和平中心村集中，预留产业加工流通用地以支撑多村共同发展特色产业，留出足够的公共设施及广场绿化等用地以满足五村村民的公共服务诉求。

2. 做长做宽产业链条，放大产业特色效应

按照"乡村振兴、产业引领"的思路，谋划乡村社区的产业发展和村民致富，着重构建特色鲜明的产业体系，支撑村庄产业能级提升。规划以和平村为中心，重点依托蜜瓜产业基地，研制并开发蜜瓜醋、蜜瓜汁、蜜瓜罐头、蜜瓜饼干和蜜瓜干等产品，有序发展加工包装、冷藏存储等初加工的工业企业，逐步实现一二三产业融合发展，做大做强蜜瓜全产业链。积极发展红枣、西瓜、瓜子以及生态养殖等产业，争取建成现代戈壁生态农业全产业链服务综合示范园区。瞄准城市居民对田园生活的追求及互联网促生的新业态，培育乡村创新创意产业功能，形成多元化富有活力的乡村产业发展格局，实现和平村"产业全面发展带动周边乡村振兴"的最终目标。

3. 促进要素区内流通，打造规模服务优势

从乡村社区层面统一梳理、评估、规划、撬动各类乡村要素，促进各类资源要素的自由流动和适度集中，打造"生产规模化、服务规模化"的规模优势，从而实现对乡村社区内各村优势资源的整合。具体而言，就是以和平村为中心，统筹周边四村的各类资源要素，统一摸清乡村社区的资源、设施、人口、景观等本底要素，并从社区层面综合评估各类要素的价值；而后，通过在社区层面制定土地流转、旧屋租赁、政策捆绑以及涉农资金统筹使用等相关政策措施，放活农村生产要素资源和服务要素资源，壮大村集体经济和乡村社区服务能力，推动各类要素区内外流通，从而实现"挖掘潜力、统规统建、集聚提升"的重点村庄规划目标。

第十章 城郊融合类村庄规划案例示范

——甘肃省兰州新区漫湾村

一、项目背景与村庄概况

（一）背景区位

兰州新区是甘肃省首批乡村建设规划试点，也是国家级新区中乡村规划建设工作做得比较扎实的新区之一。自 2015 年以来，在新型城镇化、城乡统筹、乡村振兴等政策引领下，以乡村社区理念为引领，先后开展了单个村庄建设规划、乡村建设规划、"多规合一"实用性村庄规划等乡村层面的系列规划编制项目，有效推进乡村全面振兴（图 10.1）。

图 10.1 村庄规划编制历程分析

漫湾村所在的西岔镇紧邻皋兰县，是兰州新区的核心建设区，在新区的三版规划中一直承担着职教城、高铁商务、国家现代农业公园等重要城市功能。随着镇区内大部分村庄被逐步拆除，西岔四村（陈家井村、漫湾村、团庄村、岘子村）成为西岔镇唯一永久保留的乡村，在"动态陪伴"的乡村规划编制探索中，不断融合乡村社区、多规合一的理念，逐步整合为南部乡村社区，并初步形成了"设施共建共享、产业集聚发展、土地统一流转、风貌统一打造"的乡村型社区雏形。随着国土空间规划范围的拓展，西岔镇由南部边缘区逐步嬗变为新区的生态绿芯，西岔南部乡村社区成为新区打造高质量发展先行区与区县共同富裕示范区的核心阵地。

漫湾村作为西岔南部乡村社区的中心村，村庄格局呈现"半是城市半是乡村"的空间特征。城市板块涵盖高铁商务区、国家现代农业公园等部分功能，且在建的兰州新区高铁站位于漫湾村境域内，未来将是新区枢纽建设、商务办公、生态居住、驿站公园等重要功能的主要承载地；乡村板块包括村庄居民点、农田、山体三大要素类型，县道 124 作为重要的乡村连接廊道及乡愁体验廊道，从漫湾村主要居民点西侧穿过，是漫湾村北连新区、南通皋兰的主要通道。基于漫湾村的特殊区位及用地特征，在半城半乡的融合共建及生态环境治理的双重任务下，漫湾村作为城郊融合类村庄的典型代表，其"多规合一"实用性规划将重点关注城乡融合发展、承载区县功能、设施共建共享、存量资源盘活等内容（图10.2）。

西岔镇在兰州新区的区位　　　　西岔南部乡村社区区位　　　　漫湾村在西岔镇的区位

图10.2　漫湾村区位分析图

（二）村庄概况

1.人口与社会经济

下辖2个自然村，总户数为462户，户籍人口为1814人。由于距离新区较近，村民"两栖"活动规律比较明显，常住人口960人，外出务工854人。另外结合现状一二产业的发展及新区功能的落地，常住人口中约53人是外来务工人口。全村经济以第一产业为主，已建立了标准化蔬菜示范区，畜牧业以村民家庭散养为主；第二产业已经起步，村庄现有1个农业加工和蔬菜保鲜厂，在建现代农业双创基地1处，具备一定的农产品加工、生产、储存等能力；第三产业是以劳务经济为主，同时乡村旅游也已开始起步（图10.3）。

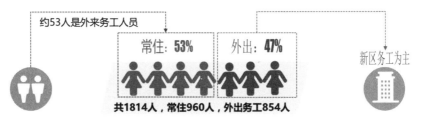

图10.3　漫湾村人口现状分析图

2. 用地特征

村域国土面积 2024.28hm²，呈现"六分田三分城一分村"的特征，其中，农林用地 1249.87hm²，占国土总面积的 61.74%；城镇发展用地 694.70hm²，占国土总面积 34.32%；建设用地 77.75hm²，占国土总面积的 3.84%；自然保护与保留用地 1.97hm²，占国土总面积的 0.10%。建设用地中村庄建设用地面积 41.31hm²，人均村庄建设用地 227.70m²，城镇建设用地面积 5.83hm²，主要为兰州新区现代农业双创基地；其他建设用地面积 30.62hm²，主要为中兰客专铁路线以及县道 124 公路用地。整体来看，人均村庄建设用地面积偏大，但公共服务类、绿化类用地面积相对不足，公共服务、商业服务业用地仅为 1.04hm²、0.16hm²；文化旅游潜力尚未有效挖掘，产业设施类用地不足（图 10.4）。

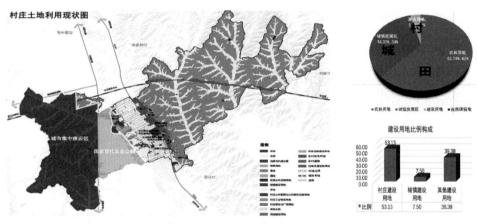

图 10.4　漫湾村国土空间利用现状图

3. 其他建设现状

村内现有村委会一处、卫生室一处、休闲广场三处、幼儿园一所，基本可满足村民活动需求，但养老、文化活动等公共服务设施还有所欠缺；村庄内部道路基本实现了硬化，但道路两侧景观绿化、道路亮化工作尚未全面完成；现状住宅建筑从县道 124 向东至山脚呈分散式布置，村内建筑外墙整治刷白工作已基本完成，整体风貌相对较好，但墙面的外墙保温、文化上墙、景观环境整治尚未全面开展，部分区域景观绿化仍需提升（图 10.5）。

图 10.5　漫湾村村庄建设现状图

二、诉求提取与数据融合

（一）村民诉求

考虑到城郊融合类村庄存在城乡要素的双向流动，村内人口构成相对比较特殊，在调研中分为常住原住民、常住外来人口、外出务工人口三类人群分别进行座谈交流、入户调研，精准分析各类村民诉求，做到"以村民为中心"开展实用性规划。

常住原住民诉求：村庄内部的养老设施、文化设施比较缺乏；学生基本都去新区上学，村庄内部原有教育设施废弃严重。各类存量资源尽快实现资产化和再利用。

常住外来人口诉求：依托农业公园、双创基地等平台，进一步培育做大相关企业，提供更多的就业机会。完善特色美食街、乡村休闲广场等设施，创新闲置宅基地租赁或买卖政策。

外出务工人员诉求：出租闲置房屋，发展乡村旅游，增加民宿及农家乐等商业服务设施；更多地提供劳务信息；增加城乡公交数量，方便去新区上班（图 10.6）。

（二）数据融合

1. 规划传导

新区层面的相关规划确立了黄河上游生态治理示范区、向西开放的核心枢纽、兰西城市群高品质引领区、国家战略产业备份基地的总体定位。并提出了新区—皋兰融合发展，打造黄河上游城乡一体化建设示范区和乡村振兴示范区的建设构想，明确了西岔南部乡村社区作为永久保留乡村地带的思路，并通过乡村体系规划，把漫湾村确立为重点发展的城郊融合型村庄。

常住原住民	常住外来人口	外出务工人员
养老设施、文化设施、集中停车场、排水设施、供水设施、墙面整治	特色的美食街、闲置宅基地租赁、提供一些工作岗位或者劳务信息	出租闲置房屋，发展乡村旅游、改造民宿或者农家乐，提供劳务信息
村民1说：孩子经常在外打工，我们老两口有时候生病也没有能力去看病，要是能建个养老中心就好了。	村民1说：我们平时在村子里务工，也没有地方吃饭，希望村里能有一条美食街，解决我们平时吃饭买东西的的问题。	村民1说：我们这里离城市很近，风景也还可以，要是好好整治整治，也能发展一些乡村旅游，我们在外面打工的肯定就回来了，边挣钱还能边照顾老人小孩。
村民2说：我们在村里也没有什么娱乐活动，没有个专门的地方下棋。	村民2说：我们是外地人，常年在漫湾村附近打工，有时候住的都是临时的宿舍，希望村庄有不住的宅子，能够租给我们住，这样既省钱又能解决住的地方。	村民2说：在外面打工的时候，特别想家，想回来开个农家乐，现在也就一家，要是旅游发展得好肯定远远不够。
村民3说：现在村里的车越来越多了，路都不好走，希望能专门建个停车场。	村民3说：我们自己过来打工，也想把家人接过来一起住，但我们现在的工作太累了。希望村庄能提供一些女性可以参与的工作岗位或者劳务信息。	村民3说：刚到新区的时候，找个合适的工作很难，在外面租房子也很贵，要是村上能跟新区劳务部门合作给我们提供招工信息，长期的短期的都可以，我们去了也放心。
村民4说：我们有时候有断电的情况，很不方便，而且村里的污水到处乱流，很影响景观。垃圾也有收集不及时的情况。		
村民5说：这墙雨下得多了，墙皮就脱落了，并且保温不好，到冬天特别费炭、费电。		

村民语言 <u>转译</u> ▶ 规划语言

 产业 以农业景观为基础，发展乡村旅游；成立专门劳务合作社

 用地 盘活村庄闲置用地，保障公共服务设施及产业发展用地

 设施 补足公共服务设施及基础设施短板，丰富公共空间类型

 人居 整治村庄环境，盘活闲置宅基地，建筑立面整治

图 10.6　村民诉求叠加分析

2. 冲突分析

坚持"两个安全"优先——粮食安全、生态安全，按照"永久基本农田－生态保护红线－高标准农田－建设用地"优先级，对其"三生"空间要素进行叠合分析，找准冲突图斑，分析成因和问题，提出调整优化方向。

漫湾村共有 6.56hm² 建设用地与永久基本农田存在冲突，冲突图斑共计 34 个。由于村庄层面无永久基本农田的调整权限，本次规划仅对冲突用地提出优化建议，提议在新区层面的国土空间规划中予以消解（表 10.1；图 10.7，图 10.8）。

三调建设用地与永久基本农田冲突图斑调整建议表　　　　表 10.1

序号	冲突地类		冲突面积 /hm²	调整建议
1	村庄建设用地	特殊用地	0.05	特殊用地为庙，建议调整永久基本农田面积 0.05hm²
2		农村宅基地	0.27	农村宅基地建设年代较久，手续较全，建议调整永久基本农田面积 0.27hm²
3	其他建设用地（区域基础设施）	铁路用地	4.86	铁路用地、公路用地、水工建筑用地为区域基础设施用地，建议调整永久基本农田面积 6.17hm²
4		公路用地	1.27	
5		水工建筑用地	0.04	

图 10.7　漫湾村国土空间利用现状图　　　　图 10.8　现状建设用地与基本农田冲突分析

三、规划思路与目标定位

（一）规划思路

1. 编制特色：融城发展，明确角色

城郊融合类村庄的核心特征即是"半城半乡"，村庄的发展动力难以呈现集聚提升类村庄"自我造血"的单独式发展势头，必须与城镇经济相融合，充分利用"城乡二元"制度的互补性来促进"城乡一体化"的发展。这样一方面会造成村庄人口的流失与宅基地的空置率增高，另一方面则吸引城市产业、人口等要素向村庄流动。因此，城郊融合类村庄的发展定位，并不仅仅在于本村资源的自平衡发展，更重要的是要明确村庄与城市互融过程中的角色定位与功能承载，在与城市功能的互补与融合中完成自身的转型与升级。漫湾村作为区县双向互融的核心节点，在服务新区建设、承载外溢功能、发展都市产业、共享基础设施的同时，也将承担着引领皋兰县乡村振兴、促进区县共同富裕的重要使命。

2. 规划理念：空间互动，弹性发展

结合城郊融合类村庄的特色和使命，漫湾村应充分发挥高铁新城、职教园区、国家现代农业公园的带动优势，以承载都市产业、盘活存量资源、连通基础设施、推进乡村文旅为抓手，切实做好西岔南部乡村社区及皋兰县乡村振兴的"领头羊"。基于此，本次规划主要以"一体化连通、单元化振兴、存量化整治、弹性化预留、差异化发展"为理念，统筹漫湾村与兰州新区及周边村庄的用地布局与产业空间，利用存量资源补足基础设施及公共服务设施短板，并留足发展弹性，既要满足村庄

未来一些三产融合产业用地的需求，也要为城市的拓展及功能产业的落地实施留足空间，略见图10.9。

图 10.9 村庄规划理念图

（二）总体定位引导

1. 以城带乡：都市产业、创新引领

依托紧邻国家现代农业公园、高铁新城及职教城的优势，发挥兰州新区现代农业双创基地的带动作用，重点发展设施农业、都市农业、创新农业，以农业现代化示范引领兰州新区及周边区域第一产业的发展。

2. 城乡互动：生态绿廊、塑造品牌

以景区的思路包装乡村，塑造乡村文化旅游品牌，通过步道、慢道、绿廊的串联，将漫湾村与新区重要功能板块相连接，引导城市人口、人流、服务等要素向漫湾村流动。如乡土化民宿客栈、特色商业步行街、乡愁景观廊道的建设，可适当分流高铁站规模集聚的人流，并为职教城大规模的师生提供休闲、实践的场所。

3. 社区共建：错位发展、单元振兴

用乡村社区的理念来营建乡村，打造景村融合的城边型乡村社区。结合四村的基础条件及发展实际，对西岔南部乡村社区内各村庄承担的主要职能进行差异化的引导，通过设施共建共享推动社区单元的共同振兴。其中，漫湾村结合兰州新区现代农业双创基地打造产业服务中心和乡村创意创业基地；团庄村结合西岔镇区行政职能的搬迁打造乡村社区综合服务中心和旅游服务中心；陈家井依托其区位优势条件及党建发展现状构建生态文明实践中心；岘子村依托现有太平鼓教育实践基地打造文化交流中心。

（三）村庄总体定位

结合漫湾村紧邻新区的区位优势，充分发挥国家现代农业公园及农业双创基地的辐射带动功能，以产业服务、产品集散、乡村彩绘、乡居休闲为特色，最终打造"一区两地"的城市绿心公园，即以高原夏菜种植为特色的国家农业双创示范基地、兰州都市圈优质农产品供应基地、陇中平原乡村旅游示范区，略见图10.10。

图 10.10 漫湾村村庄规划效果图

四、编制方法与技术路线

（一）编制方法

在国土空间规划及乡村振兴的双重背景下，漫湾村村庄规划坚持从使用者角度出发，以使用者为中心，紧密围绕"好用、管用、实用"的要求，在遵循"村民主体、彰显特色、多规合一、实施导向、简化表达"等五大基本原则的基础上，运用"赤脚化调研、实用性规划、简单化表达、动态化维护"的规划方法，有效识别漫湾村现状问题、发展诉求、现实困境，重点响应村庄核心问题和主要矛盾，并结合漫湾村现状规划管理与城乡融合实际情况，确定发展目标与实施路径，推动产业升级与城乡互动。

1.赤脚化调研：形成三类清单、一张底图

调研阶段，深入贯彻"听民声、汇民智、重民意"的工作思路，结合城郊融合

类村庄村民构成特殊性与复杂性的特征，分常住原住民、常住外来人口、外出务工人员三大类型进行入户访谈与合组交流，从产业、用地、设施、人居等方面总结各类人群的发展诉求，形成诉求清单。同时结合无人机拍摄、现场踏勘、座谈交流、调研问卷多种方式，对村庄现状存在的问题、各类现状基础信息与数据进行统计与整理，形成问题清单与乡村资源资产清单，并在"三调"数据的基础上绘制"现状一张图"，清晰表达村庄的现状情况与各类信息。

2.实用性规划：确定七项内容、一张总图

规划阶段，深入落实"多规合一、聚焦特色、实施导向"的规划编制要求，针对城郊融合类村庄的编制要点及引导要求，确定多规合一、全域管控、总体布局、产业融合、设施共享、风貌整治和近期建设七项核心内容，聚焦漫湾村发展的关键领域、突出村庄特色，有效促进村庄规划的落地实施。同时，结合规划内容与数据信息，形成"规划一张图"，最终统一纳入省级信息平台。

3.简单化表达：一书八图六表、四类版本

表达阶段，重点抓住"看得懂、管得住、用得好"九字方针，在充分调研使用者意愿的基础上，创新形成"一书八图六表"规划成果。同时，针对专家、政府、村民、普通民众的不同诉求，采用"专业＋通俗"相结合的多样形式，形成标准版、政务版、公众版、行业党建版四类成果形式。

4.动态化维护：指导落地实施、数据入库

维护阶段，围绕全生命周期管理和全过程服务的要求，以陪伴式规划的理念对村庄规划进行长期跟踪与动态维护，指导规划的实施建设与项目落地。同时，结合后期统一入库的要求，对规划数据进行修改完善与动态调整，确保及时纳入省级"一张图"信息平台。

（二）技术路线

漫湾村村庄规划编制以现状问题为主要导向，做好村庄家底摸查和发展趋势判断，谋划整体发展方向、优化村庄布局、承载外溢功能、做强村庄特色，重点解决村庄与新区的融合共享及要素互动问题，最终实现乡村产业的转型升级，探索城郊融合类村庄高质量发展的新区模式。

村庄规划编制思路以问题为主要导向，做好村庄家底摸查和发展趋势判断，谋划整体发展方向、优化村庄布局，做好各项设施、服务规划，为发展做支撑，落实一个项目图一个建设表，最终实现生态人居、生态经济、生态环境和生态文化四个生态化建设目标（图10.11）。

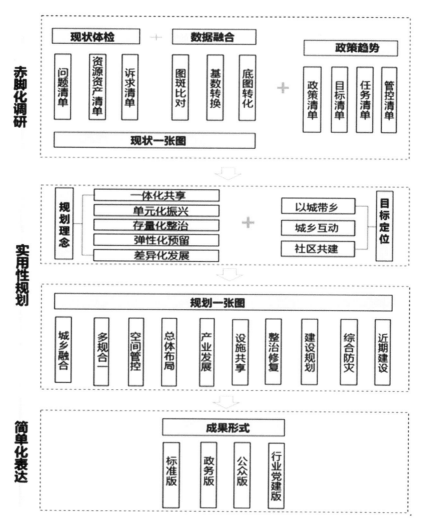

图 10.11　漫湾村规划编制技术路线图

五、主要内容与成果表达

（一）主要内容

1.城村互动交融的全域国土格局

（1）空间结构：城乡融合发展，留足城市储备空间

以村域的功能及产业发展为依托，整体形成"一心、一带、四片区"的规划结构。略见图10.12。

一心：综合服务中心。结合党群服务中心行政服务功能、双创基地的产业服务功能，形成两核联动的综合服务中心。

一带：东部乡愁廊道。依托124县道，联动南部四村，构建兰州新区东部的乡愁廊道。

四片区：城市功能区、乡村人居区、城市储备区、生态修复区。其中城市功能区包括国家现代农业公园及高铁商务片区的部分功能；乡村人居区以漫湾村村庄核心建设为依托，联动周边生产区，形成环境美、产业兴的人居区；城市储备区位于村庄东侧，近期以林下经济为主，远期在有条件的情况下进行未利用地开发，为城市发展提供土地储备；生态修复区以东侧山体为依托，主要进行山体的生态修复和土地整治。

（2）空间管控：三区格局引导，三线控制底线约束

以漫湾村生态本底为基础，落实兰州新区空间规划中的三线划定及全域空间的发展思路，整合零散耕地、规整农田规模，按照《甘肃省村庄规划编制导则（试行）》的要求，划定"三区三线"，并提出相应的管控规则，最终划定生产空间548.41hm²、生活空间69.02hm²、生态空间712.15hm²，略见图10.13。

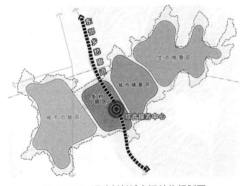

图10.12　漫湾村村域空间结构规划图

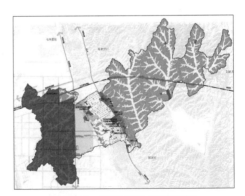

图10.13　漫湾村国土空间规划图

（3）用地布局：城乡田相呼应，挖潜存量整合农地

在全面落实新区国土空间规划思路及三线划定的基础上，以盘活村庄闲置用地、补足基础设施短板为出发点，全域空间格局按照减量规划、用足存量、整合农地、预留弹性的规划理念，对全域国土空间利用情况进行调整和优化。土地用途分类上结合漫湾村现状，在标准的基础上增加城镇发展用地类别，将全域国土空间分为农林用地、建设用地、自然保护与保留用地四大类别。规划期末村庄建设用地35.21hm²，较基期年减少6.09hm²，人均村庄建设用地194.13m²。

2. 城村优势互补的产业发展格局

（1）产业定位：打造三大基地，承载新区外溢功能

充分发挥高铁新城及国家现代农业公园的辐射带动作用，结合漫湾村现状自然条件、区位分析、现状产业发展动向及政策体系的配套情况，融合一二三产业，确定漫湾村产业发展思路为以特色农业为基础，开发休闲观光、文旅融合发展的循环式、立体式产业，加快农村一二三产业融合，着力构建现代产业体系、生产体系、经营体系，打造兰州都市圈优质农产品供应基地、现代农业双创服务基地、乡村彩绘主题旅游基地三大基地。

（2）集体经济：发挥城边优势，落实集体经营性用地

充分发挥紧邻新区的区位优势，在村庄北侧空闲地处新建一处劳务专业合作社，为群众搭建就业、创业平台，引进产业发展龙头企业，探索村企新的合作模式，同时为漫湾村及周边村庄土地规模经营企业和业主提供代耕、代种、代管、代收、机械作业管理服务，整合劳动力并推荐合适就业岗位，有效解决村民的劳动就业问题，提升经济收入。规划集体经营性建设用地面积0.89hm²，主要包括新建的劳务合作专业社项目，合作社所有收益将全部转为村集体经济收益。

3. 城村共建共享设施服务格局

（1）道路设施：提升道路质量，打通城乡连接慢道

结合村庄现状道路，优化村庄道路网结构，提升部分路面质量，解决村庄断头路问题，拓宽东西向主干道，增强村庄内部联系的便利性；同时加强城乡慢行连接，整体打造形成"立体化"的特色旅游慢道，并向北侧陈家井村和南侧团庄村延伸。沿山慢道按照与水渠、村庄、山体之间的相互关系，形成三大主题段，营造一步一景的旅游景观：水韵段——快慢道路紧邻水渠；乡愁段——快慢道路紧邻农宅；山林段——快慢道路紧邻山体（图10.14，图10.15）。

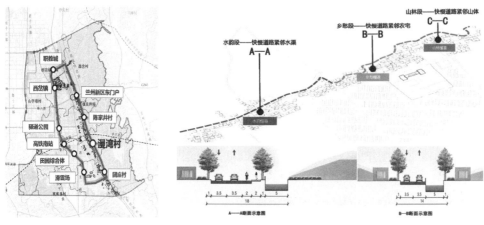

图 10.14　城乡连接慢道示意图　　　　　　图 10.15　漫湾村段旅游慢道规划示意图

（2）文旅设施：存量民宿改造，营造城乡游憩空间

以漫湾村陇中平原乡村旅游示范区的目标定位为导向，选取村庄旅游服务区的农宅及位于县道124两侧、主要视线通廊上的农宅进行彩绘墙改造，彩绘主题以农耕文化和田园景观为主，将建筑与景观有效融合，塑造特色化的乡村旅游主题，打造3D彩绘旅游村，并在村委会南侧形成特色商业街。同时，结合村庄未来旅游发展趋势和诉求，在充分尊重村民意愿的基础上利用闲置的农宅进行民宿和农家乐的改造。并对村庄现有的休闲广场的主题文化、绿化建设、景观小品等进行提升改造，打造农耕、乡愁、彩绘三大主题广场，在服务村民活动需求的同时提升村庄品质，见图10.16。

图 10.16　建筑整治改造示意图

（3）公服设施：城市社区共享，激发闲置用地活力

公共空间改造上，结合村庄现有的休闲广场，对广场的主题文化、绿化建设、景观小品等进行提升改造，打造农耕、乡愁、彩绘三大主题广场，在服务村民活动需求的同时提升村庄品质。对村庄宅前屋后的空闲地进行"三微"改造，建设花园、果园、菜园，整体提升村庄生态环境。

公共服务设施配置上，一是对闲置小学进行更新利用，由于村庄教育设施可与新区共享，目前西岔四村的小学基本都是废弃，未来可更新为老年服务中心及农村合作社等设施；二是现有公共服务设施的改造升级，依托现状村委会，拓展文化服务中心、文体活动场所、农家书屋等功能，丰富村民的文化生活。同时，针对村庄老龄化的问题，配套的营养餐配送点、老年护理院、老年课堂、老年活动中心等老年设施，可结合团庄村废弃学校改造升级进行社区共建共享。

基础设施完善上，依托兰州新区东绕城预留的管线接口及新建的污水处理设施，结合县道124的整体改造提升，统筹更新村庄的供水、排水及电力电信燃气工程设施，提升服务能力。同时，推广使用太阳能、生物质能等清洁能源积极推进煤改电、煤改气和改炕，整体提升村庄的环境质量和人居品位（图10.17）。

图 10.17 游园整治效果示意图

（二）成果表达

1. 成果内容

按照《甘肃省村庄规划编制导则（试行）》中的成果要求，结合兰州新区和漫湾村的实际，规划中创新表达方式、简化规划成果，力求"实用、好用、能用"，最终形成"一书八图六表"的主成果形式。其中，一书为规划文本；八图为现状一张图、多规合一图、全域管控图、总体布局图、整治修复详图、村庄整治详图、村庄建设详图、近期建设详图；六表为乡村土地资源资产清单、乡村规划指标调控清单、土地用途结构调整清单、规划建设项目清单、近期重点实施项目清单、历史文化和特色资源保护清单（表10.2；图10.18，图10.19）。

类别		主要内容	备注
一书	规划文本	目标定位与规模预测、国土空间布局与用途管制、产业发展布局、居民点布局与建设管控、村庄支撑体系、村庄居民点整治规划、国土整治与生态修复、安全和防灾减灾规划、近期行动与实施保障	
八图	现状图 — 现状一张图	分为村域土地利用现状图、村庄核心区建设现状图、村庄现状用地汇总表等部分，主要表达现状自然条件、重要交通设施、重要农业资源和生态条件、现状建设用地、现状宅基地、高压走廊等反映村庄特点的现状要素	
	规划图 — 多规合一图	分为村庄土地利用规划、多规冲突分析、上位规划衔接、土地用途结构调整等内容。主要表达国土空间规划用途、多规矛盾冲突点、矛盾解决建议、上位规划的相关要求等信息	
	规划图 — 全域管控图	主要表达国土空间用途分区及其管制规则，包括永久基本农田保护区、生态保护红线、村庄建设边界、弹性发展区、各类分区的规模等相关信息	
	规划图 — 总体布局图	分为村庄总平面图、村庄鸟瞰图、村域功能结构图、村庄功能结构图、村庄支撑体系规划等内容。主要表达农村住房和农村集体经营性建设用地的区域建筑、道路、绿化和设施等空间布局，村庄核心区的总体规划设计意向、公共服务设施及市政基础设施的布局等信息	
	建设图 — 整治修复详图	主要表达全域山水林田湖草等相关资源的生态修复、宅基地复垦、永久基本农田整治、一般农用地整治等国土综合整治内容、山体生态修复以及配套的农田水利等工程	
	建设图 — 村庄整治详图	分为整治规划图、道路断面改造图、村庄建筑整治效果图等内容，主要表达村庄内需要整治的道路、慢道、景观建筑、民宿及农家乐、公厕、公交站的具体位置、规模等信息	
	建设图 — 村庄建设详图	规划村庄核心区建设项目的位置、规模、建设项目库，以及新建项目的总平面图、尺寸标注、坐标等信息要素	可增加户型图
	建设图 — 近期建设详图	分为全域和核心建设区两大部分，主要包括近期全域国土整治与生态修复项目、核心建设区整治项目、核心区建设项目位置、规模及近期项目库	
六表		乡村土地资源资产清单、乡村规划指标调控清单、土地用途结构调整清单、规划建设项目清单、近期重点实施项目清单、历史文化和特色资源保护清单	

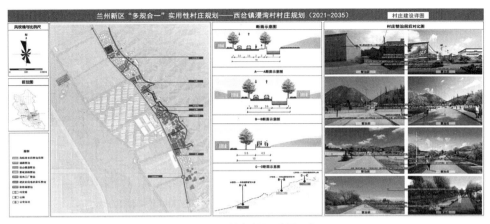

图 10.18 村庄建设一张图示意

序号	项目类型	项目类型	项目名称	项目位置	建设类型	单位	建设规模	建设时序（年）	总投资（万元）	备注
1	国土综合整治与生态修复	农用地整治	高标准农田建设项目	X124 两侧	新建	hm²	107.39	2021-2035	7049.50	新区投资
2		宅基地复垦	已（待）拆除宅基地复垦项目	X124 西侧	清退复垦	hm²	9.40	2021-2025	658.00	
3		农村建设用地整治	废弃工业用地清退整治项目	X124 西侧	复垦	hm²	1.75	2021-2025	122.50	
4		面山整治	X124 东侧面山绿化整治项目	X124 东侧	整治	hm²	50.63	2021-2035	100.00	
5		生态修复	林草修复	1 处	修复	hm²	20.15	2021-2035	60.00	
6	产业	产业服务与设施	劳务专业合作社	漫湾村北侧空地	新建	hm²	0.85	2026-2035	486.60	
7			设施大棚	X124 西侧	新建	hm²	37.87	2021-2025	37.87	
8		乡村旅游项目	民宿及农家乐	漫湾村	整治	户	36	2021-2035	108.00	
9			特色街区	漫湾村村委会北侧	整治	m	168	2026-2035	30.00	
10			乡村旅游停车场项目	供销社西侧	新建	hm²	0.05	2021-2020	20.00	

图 10.19 规划项目清单表示意（部分）

2. 成果形式

从成果表达形式上，结合管理者、村民及技术专家的关注重点，漫湾村规划成果最终分为标准版、政务版、公众版、行业党建版四种形式，力求做到政府用得上、村民看得懂、村镇干部用得顺。其中，标准版主要是按照《甘肃省村庄规划编制导则》的要求，完整呈现相关内容，便于规划审查及报批备案；政务版主要结合政府的管理要求，简化成果内容，以图文结合的形式呈现重点内容；公众版以村民手册的形式，采用通俗化语言进行表达，帮助老百姓理解规划，使其更好地参与、配合规划的有序开展；行业党建版主要面向普通村民，就村民关心的项目及用地进行公示（图10.20）。

| （a）标准版目录 | （b）政务版目录 | （c）公众版目录 | （d）行业党建版示意 |

图10.20　村庄规划表达形式示意

六、规划创新与经验启示

（一）规划创新

1. 分类叠加诉求，做到精准、精细、精确

坚持"以人民为中心"编制村庄规划，针对城郊融合类村庄居住人口的复杂性与多样性，在调研与分析过程中，分常住原住民、常住外来人口、外出务工人口三类人群研究具体的居住诉求，通过诉求的叠加分析与规划语言的转译，明确产业、用地、设施、人居等方面的要求，作为规划编制的基础条件和问题，确保规划能够精准辨析村民诉求，提升规划项目的精细化落地实施。

2. 模块清单总结，做到定量、清晰、清楚

结合各规划阶段的要求，将现状信息、管控模式、责任主体、重要指标、建设项目等内容整合为不同的模块清单，运用定量化的手段，清晰表达各类现状基础信息及规划信息，最终形成乡村土地资源资产清单、乡村规划指标调控清单、土地用途结构调整清单、规划建设项目清单、近期重点实施项目清单、历史文化和特色资源保护清单。

3. 社区单元振兴，做到错位、共建、共享

结合漫湾村的现状基础条件及区位特征，以乡村社区的理念统筹考虑西岔南部保留四村，针对各村的发展特色进行差异化的引导，并对改造及新建的公共服务设

施进行共建共享，避免资源的浪费及二次闲置。同时在乡村旅游发展上，四村与城市共建城乡慢道，拓展乡村旅游格局。

4. 简化成果表达，做到实用、好用、能用

以"百姓看得懂、政府好管控、规划好编制"为基本出发点，重点考虑规划成果的实用性与实施性，结合村庄规划的流程及使用群体特征，最终形成标准版、政务版、公众版、行业党建版四种形式，对规划成果进行多元化的转译，形成一套百姓看得懂、政府好操作、规划能落位的村庄规划成果，切实高效引领乡村的振兴建设。

（二）经验启示

1. 城乡互动，特色致胜

结合村庄现状基础条件，充分发挥紧邻城市功能区的区位优势，以景区的思路包装村庄，塑造城郊乡村旅游品牌，通过城乡基础设施、文化旅游设施、产业服务设施的互联互通，以及村庄内部旅游服务设施、乡村旅游景点的建设，引导城市人口、人流、服务等要素向村庄流动。

2. 弹性预留，承载功能

考虑到城市发展的不确定性，在村域空间发展格局中留足城市发展的备用空间，近期以一般耕地、经济林地、苗圃地等功能为主，为村庄提供经济收入，尽量避免划入永久基本农田等红线；远期可转变为城镇建设用地，作为拓展空间承载城市功能，推动城乡经济的融合发展。

3. 设施共享，存量更新

城郊融合类村庄一般距离城市较近，教育设施、养老设施等部分公共设施可以与城市共享；与此同时，村庄内原有的小学、中学将成为闲置空间，在规划中应充分利用此类闲置设施进行功能更新，改造为养老服务中心、农村劳务合作社、非物质文化遗产教育基地、村史馆、品牌化民宿、电子商务等，在节约资金投入的同时，也能补足村庄在公共服务设施、产业服务设施、文化服务设施方面的短板。

4. 服务城市，壮大集体

充分发挥紧邻城市的区位优势，在产业发展中重点落实集体经营性建设用地，

采用成立劳务专业合作社、搭建创新创业平台等方式，有效整合城市信息资源，引入龙头企业和新锐企业，探索村企合作、助力共富的新模式，有效解决村民的就业问题，提升村集体的经济收入。

第十一章　特色保护类村庄规划案例示范

——陕西省延川县甄家湾村

一、项目背景与村庄概况

（一）背景区位

陕西，简称陕或秦。上古时期是梁州、雍州之地，又称为三秦，因独特的"北高原、南秦岭、中平原"的自然区位，成了历朝历代兴亡更替的国都之所，历史文化渊远流长，孕育了113个国家级传统村落和429个省级传统村落，形成了独特的古镇古寨古村落资源和全域分布自然景观。延安作为陕西北部黄土高原重要的传统村落集聚区，东邻黄河，坐拥长城、长征"两大"国家文化公园，也是国家级陕北文化生态保护试验区、黄河流域生态保护和高质量发展先行区重要承载地。在延安全市入选的12个国家级传统村落中有8个位于延川县；其中，甄家湾村是陕北地区现存规模最大、结构最完整的古建筑群，堪称"陕北第一古村""陕北黄土高原首个影视村"，是典型的全域保护型村庄，其携手马家湾村、碾畔村等8个古村落打造成为陕北延川全域影视基地，见图11.1。

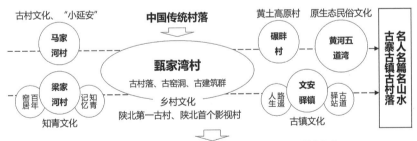

图 11.1　延川县全域影视旅游基本框架示意图

（二）村庄概况

村庄位于陕北黄土高原丘陵沟壑区、白于山脉东端、黄河流域青平川（支流）上，东距延川县城 15km，南距文安驿镇 5km、梁家河 7km，是梁家河知青文化旅游和文安驿古镇文化旅游的重要补充和承接点。村落建于元代至元二年（1265 年）前，距今已有 754 年历史，依山傍水、环抱而居，形成了典型的"山－水－村－居"聚落空间格局。因贺姓人氏建居在河湾地形处，取名贺家湾。康熙四十一年（1702 年）前，贺姓迁出，甄姓迁入，村名改为甄家湾。该村是陕北地区现存规模最大、结构最完整的古窑洞建筑群，现存古窑洞 97 院 258 孔，2018 年被列入第五批中国传统村落名录。全村管辖 2 个自然村，总户数 204 户，共计 706 人，主要包含甄、刘、白三大姓氏，其中甄氏占三分之二以上。

1. 产业现状

2017 年，主动融入全县"名人名篇名山水，古寨古镇古村落"全域旅游发展战略，把甄家湾乡村文化旅游作为梁家河知青文化旅游和文安驿古镇文化旅游的重要补充和承接点，打造"一核两翼"乡村文化旅游产业，形成"影视摄影、教育研学、创作写生、传统文化体验"四大基地，发展"影视经济""民宿经济""观光经济"等新型经济业态，先后拍摄《建国大业》《信仰》等影视剧 30 多部；组织上海市美协、陕西省作协、江阴美协等多个采风团前来创作。2018 年，实现整村脱贫退出；2019 年，彻底摆脱经济"空壳村"历史，实现村集体收入 76.00 万元，农民人均可支配收入 1.58 万元，贫困户人均纯收入 1.29 万元，其中群众收入 80% 以上来自新经济；2020 年，实现村集体收入 162.50 万元，农民人均可支配收入 2.17 万元，贫困户人均纯收入 1.78 万元，其中民宿经济收入 105.50 万元、影视经济收入 43.00 万元、观光经济收入 10.00 万元，新经济创收占村集体总收入的 97%，在村群众通过制景、群演、劳务服务等人均增收近万元，远高于同县其他村庄。

2. 底数分析

全村林地资源丰富，面积高达 604.85hm²，占国土面积的 49.86%；耕地面积 103.47hm²，占全村面积的 8.52%，村里的建设用地分布较为集中，乡村建设用地面积为 19.41hm²，约占全村面积的 1.60%。详见表 11.1。

3. 建筑结构

村庄依山而建、依水而居，整体风貌协调较好，新老村落以沟为界，东西而座，布局较为集中，院落规模不一。古村落建筑多为典型的陕北靠山窑、砖石窑，以贡家宅邸和百姓民居为主要代表，建筑结构以夯土结构为主，整体保存较为完整。新村建筑结构以砖混结构为主，以独立式方形院落为主，窑洞墙体为砖石砌筑。见图 11.2。

甄家湾村现状土地利用情况一览表 表 11.1

一级类	二级类	三级类	面积 /hm²	人均居民点建设用地指标 / m²
农林用地	耕地	水浇地	0.15	—
		旱地	103.32	—
	园地	果园	122.83	—
		其他果园	0.44	—
	林地	乔木林地	199.44	—
		灌木林地	7.22	—
		其他林地	398.19	—
	草地	天然牧草地	268.08	—
		其他草地	61.59	—
	其他农用地	乡村道路用地	13.78	—
建设用地	农村居民点建设用地	农村宅基地	9.83	139.24
		公共管理与公共服务用地	3.94	55.81
	工矿用地	采矿用地	0.23	—
	仓储用地	仓储用地	0.05	—
	交通运输用地	公路用地	8.44	119.55
		交通场站用地	0.39	5.52
	公用设施用地	公用设施用地	0.06	0.85
	特殊用地	特殊用地	0.22	—
未利用地	陆地水域	河流水面	12.89	—
		坑塘水面	0.95	—
	其他自然保留地	裸土地	0.04	—
留白用地			0.00	—
合计			1213.09	

图 11.2 甄家湾村建筑等级分类图（左）、人居环境现状图（右）

二、特色分析与诉求提取

（一）特色分析

1. 历史悠久性：千年古村

建于元代至元二年（1265 年）前，距今已有 750 余年历史。因贺姓人氏建居在河湾地形处，取名贺家湾。康熙四十一年（1702 年）前，贺姓迁出，甄姓迁入，村名改为甄家湾。

2. 典型代表性：黄土高原地区坡麓台地型村落

位于清涧河流域下游清坪川的主河道上，负山面水、坐北朝南，是典型的黄土高原地区坡麓台地型村落，属于陕北流域传统村落的典型代表，也是陕北窑洞文化的重要表征。

3. 格局特色性："群山环抱、水湾绕村"的特色格局

地处黄土高原丘陵沟壑区，是现存典型的元代窑洞。位于清平川主河道，南北为山，东西为川面，立足山沟梁峁间，形成群山环抱、水湾绕村的"山－水－村－居"格局。

4. 保存完整性：陕北地区现存规模最大、结构最完整的古窑洞群

现存古窑洞 97 院 258 孔，院落总面积约 8705m²。村落建立于山脉沟壑河湾地形处，体现出古人"择水而居"的选址理念，负山带水，四季分明，南苑山脉高耸挺拔，是得天独厚的天然屏障。一排排保存完好的窑洞建筑，顺山势河湾而建，鳞次栉比。

（二）诉求提取

1. 增收创收：联合影视协会、娱乐巨头，接轨横店，联合打造黄土高原首个"陕味＋红色情"窑洞主题 IP 影视基地，走出了一条"生态奠基、影视卡位、文化升级、旅游突破"的差异化绿色发展之路。同时，创办 1 座群众演员学校，成立 1～2 家影视公司，专注服务外来剧组，提供接待服务、群演协调事宜、场景布置等服务，完善甄家湾影视产业链条，吸引更多年轻人、职业经理人回乡创业。

2. 垃圾清运：加快推进"户分类－村收集－镇转运－县处理"城乡环卫一体化建设，更换密封式垃圾收集桶，每户配建 1 个 120L 垃圾桶，村内配建 2～3 辆小型

清运车，建立节假日保洁机制，力争日产日清。

3. 产业设施：规划 1 座 1200m² 的游客服务中心，一条兼具影视拍摄、旅游购物、饮食住宿、文化创意等新兴业态的特色精品商业街以及乡村旅游服务配套公寓，改造重建影视拍摄点、网红打卡点、创作采风点 8 ~ 10 处。继续流转挖掘乡村民宿 15 ~ 20 处，培育影视拍摄取景大地景观 3 处。

4. 公共设施：按 AAAA 级影视景区的标准（远景可按 AAAAA 考虑），挖掘现有存量设施、低效设施和闲置设施，着力提升村庄设施的服务能力。

（三）发展评价

1. 经济基础较好。2017 年，发展"影视经济""民宿经济""观光经济"等新型经济业态；2018 年，实现整村脱贫退出；2019 年，彻底摆脱经济"空壳村"历史；2020 年，实现村集体收入 162.50 万元，农民人均可支配收入 2.17 万元，远超过全国农民人均可支配收入达 1.71 万元，经济水平远高于同县其他村庄。

2. 文保意识较高。虽古窑洞闲置率越发明显，但对现有古窑洞的保护和治理一刻也没有放松。为积极脱贫，以村集体为代表集中流转、修缮古窑洞 97 院 258 孔，村民主动加入清理队伍，清理古窑洞内外环境，着手发展以影视拍摄、教育研学、写生创作和传统文化体验为主要内容的乡村文化旅游产业。目前，甄家湾古村落、古窑洞是陕北地区现存规模最大、结构最完整的传统古村落和古窑洞群。

3. 文创氛围浓厚。全村流转土地，全民上阵文旅业，组建了影视服务队、民宿服务队、劳务服务队，形成影视经济、民宿经济、观光经济等新型经济业态，开展"致富能手""乡贤孝子""好媳妇好公婆""美丽庭院""文明家风"等活动 50 余次；组织上海市美协、陕西省作协、江阴美协等多个采风团前来创作，成功举办了甄家湾四月觅彩春季写生艺术节，荣获"全国水彩艺术家甄家湾写生基地"称号。

4. 社会影响力较高。2019 年，甄家湾古村被列入第五批中国传统村落名录。先后拍摄《建国大业》《信仰》《我们的队伍向太阳》《红色利剑》《啊摇篮》《光荣与梦想》《走向胜利》《巧儿》《哑娘》等影视剧 30 多部，线上持续直播网红有上百名，接待游客 10 万人次，以影视拍摄、教育研学、写生创作和传统文化体验为主要内容的乡村文化旅游产业，成了甄家湾脱贫致富的"金扁担"，被称为陕北黄土高原"横店影视村"。

三、规划思路与编制方法

（一）规划思路

1.规划理念

统筹协调发展与保护的关系。"以文促旅、以旅彰文、以旅促兴、以用促保"的古村落保护模式成为甄家湾村发展的新趋势。结合旅游、影视新业态发展，充分挖掘盘活闲置古窑洞、拔贡家院、千年古树以及赖以生存的古桥、古阶路、传统产业遗产，让文物保护与乡村建设发展有机结合，形成"保护－开发－利用－保护"的良性循环，让更多的文物"活"在陕北高原大地上，留住乡愁，让更多的人记住乡愁，让更多的百姓因"旅游饭"而致富，真正实现产业发展与乡村建设同步推进、生态环境与人居环境同步改善，历史文化与现代文明同步传承。见图11.3。

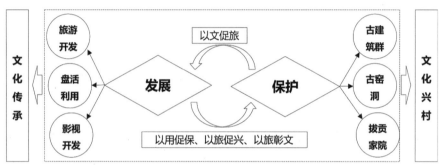

图 11.3　甄家湾村规划统筹协调发展与保护关系示意图

探索新型乡村社区治理模式。围绕"就近吸收、帮带发展、携手共享"总体目标，以人地关系为半径，选取建设基础、人口规模、产业结构、资源禀赋较好的中心村

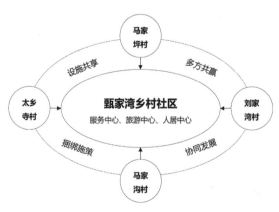

图 11.4　甄家湾村构建新型乡村社区治理模式示意图

为核心，成立乡村社区服务中心、旅居中心作为服务单元，给予用地指标、产业发展、设施配建、政策支持、资金扶持等方面的倾斜，探索构建"社区＋乡村"的新型社区治理单元，整合周边村庄资源、人口和功能，做大做强做精，实现"捆绑施策、协同发展、设施共享、多方共赢"的发展格局。见图11.4。

2. 总体定位

1）类型定位

根据上位规划及《中华人民共和国文物保护法》《四部委关于加强中国传统村落保护的指导意见》《传统村落保护发展规划编制基本要求（试行）》以及各地相关法规标准的要求，立足中国传统村落，结合自身建设基础、人口规模、产业结构和资源禀赋，确定甄家湾村为全域保护型村庄。

2）总体定位

坚持原生保护、有机更新、科学利用、融入时代的方式，合理确定传统村落保护与建设的关系，积极改善村落环境，大力弘扬陕北传统文化，锁定影视和文旅方向，做强现代农业，将甄家湾村打造成为融影视拍摄、教育研学、写生创作和传统文化体验于一体的"一区两村"陕北特色保护村庄，即中国传统村落、陕北黄土高原上的横店影视村、陕西省新型乡村社区治理示范区。

（二）规划方法

1. 采用方法

立足国土空间规划背景，遵循保护优先、总量管控、建管一体的原则，坚持"听民声、汇民智、重民意"的工作理念，紧密围绕"问题—解决、诉求—响应、矛盾—建议、保护—发展"几组关系，提出"赤脚化调研、实用性规划、简单化表达"的编制方法，识别甄家湾现状发展问题、现实困境及发展诉求，利用"多规合一"的协调思路，梳理形成现状一张底图。规划通过定位明确、产业升级、用地整合、设施优化、整治修复、安全防灾、文化保护、项目建设以及实施保障等方面，破解"人、地、钱"瓶颈，传承与创新乡土文化、建筑和景观，构建乡村社区生活服务圈，以"共谋、共建、共治、共享"方式，搭建乡村规划建设共同体，切实有效地解决村庄格局受损、文物破坏严重、历史难以传承、产业结构单一、区域联动不足和设施支撑体系不足等问题。

2. 技术路线

立足全域，摸清家底，结合国家、省市及地方战略及政策，解读上位规划，评估自身近年发展及建设情况，研判未来发展趋势和区域地位。规划以"三调"为基础，通过数据融合、基数转化、底数转化，形成规划工作底图。谋划村庄发展定位，明确村庄近远期发展目标、指标体系以及分类引导，在村域总体布局规划中加强产业振兴、用地布局、村组布点、支撑体系、整治修复以及安全引导等内容，在居民点详细建设规

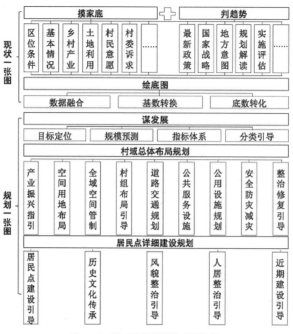

图 11.5　甄家湾村规划技术路线图

划中要强化特色保护、文化传承、风貌整治、人居环境等内容，突出特色保护类村庄的特点以及建设诉求，分区分类引导村庄全域及居民点详细建设（图 11.5）。

四、主要内容与成果表达

（一）主要内容

1. 多规合一：冲突协调、基数转换，形成一张工作底图

坚持"两个安全"优先——粮食安全、生态安全，按照"耕地和永久基本农田——生态保护红线——乡村建设边界"优先级原则，梳理现有保护管控、建设开发管理数据，对甄家湾村三生空间要素进行叠合分析，找准冲突图斑，分析成因和问题，建议调整优化方向，协同生成现状一张图，形成工作底图（图 11.6）。

2. 全域管控：约束指标、分区准入，建立刚柔并济规则

遵循全域覆盖、不交叉、不重叠的原则，衔接细化落实延川县国土空间规划"三条控制线"，重点做好省市重点建设项目、过渡期规划项目占用耕地补足工作，协调好村庄发展与保护的关系。规划重点将甄家湾古村落及外围东川龙王庙、清平川

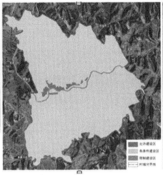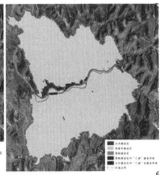

图 11.6　甄家湾村多规叠合分析图

乾坤湾、真武祖师庙三大历史遗存作为保护对象，在村域范围内划定"三生四线"，即生态保护空间、农业生产空间、乡村建设空间和生态保护红线、永久基本农田保护红线、乡村建设控制线、历史文物保护红线，制定"约束指标＋分区准入"的管制规则，以便在全域管控的基础上对现有文物及依存的环境进行有效保护。

3. 总体布局：优化布局、挖掘存量，构建全域空间格局

结合甄家湾村庄格局特色、文化禀赋、社会影响等因素，坚持保护原貌、有机更新、科学利用、融入时代的方式，合理确定传统村落保护与建设的关系，围绕中国传统村落、陕北特色旅游示范村、陕北黄土高原上的横店影视村总体定位，重点发展以影视拍摄、教育研学、写生创作和传统文化体验为主导的文化融合循环立体式产业，优化产业结构和用地布局，形成"一心七区"产业布局和"两心、两轴、六片区"的空间结构。"两心"即结合乡村生活服务功能打造村庄综合服务中心；在村庄南部保留的村组基础上，形成田园景观中心。"两轴"为结合东西向的公路和通村道路形成村庄主要发展轴；村庄南北向的通村道路，形成特色种植产业联动轴。"六片区"：生态居住片区、综合服务片区、特色种植片区、特色产业片区、自然用地片区（图 11.7 ～图 11.9）。

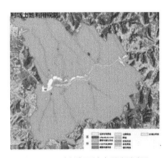

图 11.7　村域产业布局规划图　　　图 11.8　村域空间结构规划图　　　图 11.9　村域用地布局规划图

在维护原有村庄用地格局、保障村民利益的前提下，加强村庄存量空间和用地的利用。村庄建设用地规模 35.35hm²，其中农村住宅用地以居民点集聚建设为要点，积极推进宅基地置换和有偿退出模式，重点对现有 2 个组进行布局优化调整向新村集聚，规划面积 9.16hm²，较基期年减少 0.67hm²，人均宅基地面积 129.75m²，节余指标主要用于公共服务用地、产业用地、道路与交通用地、绿地与广场用地等建设。规划采用"定指标不定空间"方式，预留 5% 乡村建设用地机动指标，作为村庄居住、公墓、零星分散的乡村旅游及农村新产业、新业态等建设，留白用地不得占压永久基本农田保护红线和生态保护红线。

4. 保护传承：文化保护、传承创新，激发乡村内生动力

坚持村庄历史文化的完整性、原真性、延续性的保护原则，分析村庄区位条件，按照历史遗存分布特点，建立"保护名录＋保护区划"保护机制，重点保护村落选址与自然环境、空间格局、传统建筑、历史环境、非物质文化以及相关人文资源，合理划定乡村历史文化保护线，开展非遗生产性保护，发展乡村文化旅游，建设影视小镇；创造性活用乡村资源的人文和生态价值，通过田野生态风光与特色家居有机结合、民俗文化与现代人文互动融合，努力打造优秀的文化品牌，为发展乡村经济服务。

（二）成果表达："七图两书三单一公约"

以有效指导规划实施为出发点，以表达简洁明了、清晰易懂、管理有序为特色，确保形成"村民易懂、村委能用、乡镇好管"的规划成果。

1. 成果内容表达

重点围绕"保护与活化"的要求，按照中国传统村落、陕北特色旅游示范村、陕北黄土高原上的横店影视村的总体定位，凸显数据融合与基数转换、全域空间管控引导、生态与历史文化要素保护与传承、文旅产业发展引导、景观风貌管控引导、特色空间详细设计等内容模块，形成"七图两书三单一公约"的内容表达模式，详见表 11.2。

2. 成果表达形式

重点体现规划的实用性，从规划评审、行政管理和百姓参与的角度，根据不同主体的诉求，形成报审版、政务版和百姓版三种版本表达。

甄家湾村规划成果内容一览表 表 11.2

成果内容	内容类型	具体内容	备注
七图	现状一张图	清晰掌握村庄历史遗存分布、用地详细情况、人口详细情况、设施建设情况、产业发展情况、发展问题诉求等	
	多规合一图	梳理保护管控类、建设开发类管理数据，分析多规之间的冲突或矛盾，遵循国家、省市（县）及相关规划的具体要求，注重上下衔接和实施传导，提出多规冲突消解方法和叠合调整建议，协同现状一张图，形成一张工作底图	
	全域管控图	三生空间、永久基本农田、生态保护红线、乡村建设边界、用途管制区、乡村文保控制线等方面指引	
	总体布局图	村域功能结构、产业布局、核心区功能、主要居民点布局和整体鸟瞰意向指引	
	特色保护详图	整体空间保护、历史文化资源、划定历史文化保护线、文化资源名录重构、保护方式、保护内容及措施等	
	风貌建设详图	乡村风貌结构、整体风貌引导、特色廊道塑造、重要节点设计、乡村色彩引导、风貌设计做法等	
	乡村建设详图	居民点建设、户型设计、人居环境整治、道路交通建设、市政基础设施等内容，形成项目建设清单	
两书	规划文本	规划总则、目标定位、总体布局、支撑体系、历史文化保护与传承、居民点详细设计、行动计划与实施保障、附则	
	规划附件	规划说明书、基础资料汇编	
三单	乡村体检清单	乡村体检清单	
	总体规划清单	多规协调清单、特色保护清单、规划指标清单、用地规划清单、设施配建清单	
	详细建设清单	建设项目详细清单、特色保护详细清单、风貌引导详细清单、村庄建设详细清单、整治修复详细清单、近期整治详细清单	
一公约	村规民约	—	

1）报审版：严格按照《陕西省实用性村庄规划编制技术导则（试行）》要求，形成"规划文本＋规划图纸＋规划附件＋规划数据库"严谨且完整的技术成果。同时，附带工作报告，形成"工作报告＋技术成果"的表达形式，便于不同审查对象更好理解规划编制工作进展情况、所遇问题与解决对策、技术难点与突破思路、编制方法与经验启示等。

2）政务版：明确自然资源主管部门与乡镇人民政府"管、保、批、干、罚"职权诉求，重点从用地审批、项目管理、自然资源、数据审查等角度，形成规范化图则、精准化数据、实用性项目的"四图三单一库一则"的管理版成果，重点明确"管什么、怎么管；保什么、怎么保；批什么、怎么批；干什么、怎么干；罚什么、怎么罚"等问题，确保基层管理干部"心里有数、执法有据"，详见表11.3。

甄家湾村政务版成果一览表   表11.3

成果内容	内容类型	具体内容	备注
四图	现状一张图	清晰掌握村庄历史遗存分布、用地详细情况、人口详细情况、设施建设情况、产业发展情况、发展问题诉求等	
	全域管控图	三生空间、永久基本农田、生态保护红线、乡村建设边界、用途管制区、乡村文保控制线等方面指引	
	总体布局图	村域功能结构、产业布局、核心区功能、主要居民点布局和整体鸟瞰意向指引	
	特色保护详图	整体空间保护、历史文化资源、划定历史文化保护线、文化资源名录重构、保护方式、保护内容及措施等	
三单	乡村体检清单	用地现状、历史文化资源、设施建设情况	
	特色保护清单	历史文化资源、保护利用方法、具体管控内容、保护红线范围、建设控制地带等	
	详细建设清单	居民点建设、户型设计、人居环境整治、道路交通建设、市政基础设施等内容，形成项目建设清单	
一库	规划数据库	基础地理信息、空间规划信息、规划文档资料、规划表格要素、规划栅格要素等	
一则	实施细则	管控依据和相关规范标准的管制指标参数	

3）百姓版：即村民手册，围绕百姓"全程参与、深度互动"的规划理念，重点对村庄特色、问题对策、农田保护、产业发展、文化资源保护、农房建设、村庄风貌、产业发展、村规民约等百姓关注内容采用清单式表单、具象型图示（形象符号、单色定界、易懂漫画）、通俗化语言进行表达，形成三折页加长版图册，帮助百姓理解规划，使其更好地参与、配合规划的实施落地工作。

3. 数据建库表达

严格按照《陕西省实用性村庄规划编制技术导则（试行）》数据建库要求，统一采用"2000 国家大地坐标系、1985 国家高程基准、高斯－克吕格投影"空间基准格式，采用文件地理数据库（.gdb）数据库格式，采用"大类面分类法＋小类线分类法"的方法，按照分类编码通用原则，分级分类编码要素图层，形成"2+11+X"的基础地理信息要素和空间规划信息要素属性数据结构与规则命名数据文件，为村庄规划落地提供信息支撑，提高村庄规划编制和国土空间统一管控的科学性。

五、规划创新与经验启示

（一）规划创新

1. 模式创新：立足国土空间规划，"产村景"一体化村庄发展模式

立足国土空间规划背景，强化"一张蓝图保发展、一体共治建生态"的规划理念，探索采用"多规合一"实用性规划思路，统筹协调发展与保护、区域与村落、规划与自身"三大"关系，调控全域矛盾和冲突要素，根据村庄资源潜力、发展特色和政策要求，引导划定空间管制方案。同时，借助土地增减挂钩政策，大力推进"产村景"融合建设，通过腾挪复垦低效土地、废弃土地和闲置土地，推动耕地集约化和高效利用。

规划以产业为引领，以打造中国传统村落、陕北特色旅游示范村、陕北黄土高原上的横店影视村为目标，以"产村一体、产景一体"为抓手，探索运用"双释放、双引导"土地治理模式，盘活村庄土地、文化资源，培育"产村景"一体化产业培育模式，将甄家湾村建成以影视拍摄、教育研学、写生创作和传统文化体验于一体的、陕北特色明显、历史气息浓郁、文化产业结合的特色保护村庄。

2. 治理创新：深化乡村治理改革，"以旅促农"盘活乡村内生动力

积极探索乡村治理与经济协同发展的共建共享共治机制，创新村民议事协调形式，成立乡村社区服务中心，培养乡村发展"带头人"，提高乡村空间治理体系和水平。为发挥古村、窑洞文化资源禀赋优势和传统村落品牌效应，在当地政府的基础设施建设、启动资金等支持下，在专家团队、社会组织持续的智力帮扶下，在"双释放、双引导"土地管理制度的政策引导下，乡村自治形成"农村集体经济组织＋土地储备平台＋社会投资公司＋村民入股"的联营经济模式，鼓励村民有偿退宅退地"带资进社"入股发展，形成"留住本底、释放潜力"的古村旅游协同治理结构，激活古村原生动力，切实保障乡村旅游产业发展，带动百姓致富，撬动古村走向全面振兴，实现古村活态保护、传统文化传承与经济发展共赢局面。

（二）经验启示

1.注重体检，挖掘文地资源

坚持"听民声、汇民智、重民意"的工作理念，通过调研动员——村社初调——部门座谈——补充核调的"四步走"调研路径，驻村入社、逐户走访，详细了解甄家湾村发展脉络、文化脉络、资源条件、发展诉求，深挖本地文化资源，梳理历史文脉，形成现状体检清单、文地资源普查清单，助力找准现状发展核心问题，以便更好服务规划编制。

2.底数转换，严控紫线界线

梳理保护管控类、建设开发类管理数据，分析多规之间的冲突或矛盾，遵循国家、省市（县）及相关规划的要求，注重上下衔接和实施传导，提出多规冲突消解方法和叠合调整建议，严控各级文物保护单位范围，划定建设控制地带，明确发展与保护空间关系，以便科学管控村庄全域。

3.增存并举，探索农旅双链

深挖古村落、古窑洞、富余劳动力等优势资源，盘活村内闲置土地、闲置窑洞、废弃民居，整合布局零散宅基地，遵循"适度集中、功能转换、指标腾挪"的发展模式，存量建设游园广场、文体场地、养老中心、职业学校等必要设施；弹性预留5%的机动指标，以零星、分散培育新型乡村产业，探索产业用地灵活供地模式，搭建复合平台，以古村为主体、乡村旅游经营主体为龙头，采用技术升级、结构更新、产业联动、要素聚集等手段，发展农旅双链融合产业，激活乡村内生发展活力，促进乡村产业兴旺。

4.原生利用，发挥文旅效应

系统梳理文化资源，从遗存本身及其发展的文化空间入手，原址修缮保护利用，设立乡村影视博览馆、乡土陈列馆等；发挥文旅效应，发展影视拍摄、乡村旅游、教学实践等新型业态，促进文化遗存本体修复，助力文化走出深山，实现经济价值转化，达到村落"生产性保护"目的。同时，采取"休牧期"时序干预和"管控性"政策干预手段，对古村落景观风貌、建筑风貌、发展业态、主题活动、游客容量进行整体管控，避免拍摄高峰期践踏景观环境，引导游客错时开放观光，严控古村商业和展览活动频次、规模、类型，防止过度开发带来不可逆转的破坏。

参考文献

[1] 费孝通. 乡土中国 [M]. 上海：上海人民出版社，2006.

[2] 邹兵. 小城镇的制度变迁与政策分析 [M]. 北京：中国建筑工业出版社，2003.

[3] （美）杰森·摩尔. 乡村规划建设 第 5 辑 [M]. 北京：商务印书馆，2015.

[4] （德）G. 阿尔伯斯（Gerd Albers）. 城市规划理论与实践概论 [M]. 吴唯佳译. 北京：科学出版社，2000.

[5] （德）米歇尔·佩赛特（MichaelPetzet），（德）歌德·马德尔（Gerth Mader）. 世界城镇化建设理论
与技术译丛 古迹维护原则与实务 [M]. 武汉：华中科技大学出版社，2015.

[6] 王晓军. 乡村规划新思维 [M]. 北京：中国建筑工业出版社，2019.

[7] 刘伟建. 优秀乡村发展史 [M]. 沈阳：东北大学出版社，2012.

[8] 彭震伟. 乡村振兴战略下的小城镇 [M]. 上海：同济大学出版社，2019.

[9] 廖启鹏，曾征，万美强. 村庄布局规划理论与实践 [M]. 北京：中国地质大学出版社有限责任公司，2012.

[10] 程茂吉. 村庄规划 [M]. 南京：东南大学出版社，2021.

[11] 叶超. 体国经野 中国城乡关系发展的理论与历史 [M]. 南京：东南大学出版社，2014.

[12] 沈山，秦萧，孙德芳，方雪. 城乡公共服务设施配置理论与实证研究 [M]. 南京：东南大学出版社，2013.

[13] 陈轶. 城乡关系发展理论与实践 以石家庄为例 [M]. 南京：东南大学出版社，2016.

[14] 周游. 当代中国乡村规划体系框架建构研究 [M]. 南京：东南大学出版社，2020.

[15] 联合国人居署. 转型发展 协同规划：广州村庄规划实践 [M]. 北京：中国城市出版社，2015.

[16] 李建伟. 美丽乡村建设规划丛书 乡村振兴战略下的村庄规划研究 [M]. 北京：科学出版社，2019.

[17] 曹昌智，姜学东，吴春，等. 黔东南州传统村落保护发展战略规划研究 [M]. 北京：中国建筑工业出版社，
2018.

[18] 赵燕菁. 超越地平线 城市概念规划的探索与实践 [M]. 北京：中国建筑工业出版社，2019.

[19] 葛丹东. 中国村庄规划的体系与模式 当今新农村建设的战略与技术 [M]. 南京：东南大学出版社，2010.

[20] 韩西丽，（西）弗朗西斯科·朗格利亚，李迪华. 深圳市生态线内村庄更新发展示范设计 景观设计学模
块化教学案例 [M]. 北京：中国建筑工业出版社，2016.

[21] 熊英伟，刘弘涛，杨剑. 乡村规划与设计 [M]. 南京：东南大学出版社，2017.

[22] 张鑑，赵毅. 镇村布局规划探索与实践 [M]. 南京：东南大学出版社，2017.

[23] 齐康等. 地区的现代的新农村 [M]. 南京：东南大学出版社，2014.

[24] 李夺，黎鹏展. 城乡制度变革背景下的乡村规划理论与实践 [M]. 成都：电子科技大学出版社，2019.

[25] 杨贵庆，等. 黄岩实践 美丽乡村规划建设探索 [M]. 上海：同济大学出版社，2015.

[26] 赵先超，宋丽美. 长株潭地区生态乡村规划发展模式与建设关键技术研究 [M]. 西安：西安交通大学出版社，
2017.

[27] 刘汉成，夏亚华.乡村振兴战略的理论与实践 [M].北京：中国经济出版社，2019.

[28] 杨晓光，余建忠，赵华勤.从"千万工程"到"美丽乡村"浙江省乡村规划的实践与探索 [M].北京：商务印书馆，2018.

[29] 杨山.乡村规划 理想与行动 [M].南京：南京师范大学出版社，2009.

[30] 秦润新.农村城市化的理论与实践 [M].北京：中国经济出版社，2000.

[31] 浙江师范大学农村研究中心，浙江师范大学工商管理学院.中国新农村建设 理论、实践与政策 [M].北京：中国经济出版社，2006.

[32] 唐珂，闵庆文，窦鹏辉，白艳莹.美丽乡村建设理论与实践 [M].中国环境出版社，2015.

[33] 杨懋春.近代中国农村社会之演变 [M].台北：巨流图书公司，1984.

[34] 张厚安，徐勇.中国农村政治稳定与发展 [M].武汉：武汉出版社，1995.

[35] 傅熹年.中国古代城市规划、建筑群布局及建筑设计方法研究 [M].北京：中国建筑工业出版社，2015.

[36] 王孟钧.建设法规 [M].武汉：武汉理工大学出版社，2008.

[37] 杨懋春.近代中国农村社会之演变 [M].台北：巨流图书公司，1984.

[38] 张厚安，徐勇.中国农村政治稳定与发展 [M].武汉：武汉出版社，1995.

[39] 梁漱溟.乡村建设理论 [M].上海：上海人民出版社，2016.

[40] 廖彩荣，陈美球.乡村振兴战略的理论逻辑、科学内涵与实现路径 [J].农林经济管理学报，2017，16（6）：795-802.

[41] 何仁伟.城乡融合与乡村振兴：理论探讨、机理阐释与实现路径 [J].地理研究，2018（11）：2127-2140.

[42] 张立.我国乡村振兴面临的现实矛盾和乡村发展的未来趋势 [J].城乡规划，2018（1）：17-23.

[43] 周游，魏开，周剑云，等.我国乡村规划编制体系研究综述 [J].南方建筑，2014（2）：24-29.

[44] 李俊鹏，王利伟，纵波.城镇化进程中乡村规划历程探索与反思：以河南省为例 [J].小城镇建设，2016（5）：53-58.

[45] 翟俣嘉.武陵山区"多规合一"村域规划体系研究 [D].武汉：中南民族大学，2016.

[46] 刘宏燕，康国定."城乡统筹理念"指导下各层次规划编制重点浅析 [C]// 中国科协年会论文集，2010.

[47] 曹春华.村庄规划的困境及发展趋向：以统筹城乡发展背景下村庄规划的法制化建设为视角 [J].宁夏大学学报：人文社会科学版，2012（6）：48-57.

[48] 晏群.浅谈小城镇发展与规划 [J].小城镇建设，1999（1）：9-10.

[49] 王维.新农村背景下的农村文化建设研究 [D].重庆：西南大学，2009.

[50] 章胜，邱涛.试论农民问题与现代化 [J].安康师专学，2004（1）：32-34+51.

[51] 吴丰华.中国近代以来城乡关系变迁轨迹与变迁机理（1840—2012）[D].西安：西北大学，2013.

[52] 龚云.毛泽东与中国农民问题 [J].河南社会科学，2014，22（9）：94-99.

[53] 周健.社会主义改造时期中国共产党农村土地政策研究 [D].南宁：广西大学，2016.

[54] 罗晓东.邓小平"两个飞跃"思想与我国农村改革发展的方向 [J].理论与当代，1998（12）：11-12.

[55] 崔浩.论新时期我国农村改革与发展"第二个飞跃"的理论与实践 [J].浙江大学学报（人文社会科学版），1999，29（4）：121-125.

[56] 国家建委，国家农业委员会.村镇规划原则（试行）[S].1982（1）.

[57] 赵燕菁.价值创造：面向存量的规划与设计 [J].城市环境设计，2016（2）.

［58］赵燕菁. 存量规划：理论与实践 [J]. 北京规划建设，2014（4）：153-156.

［59］梅耀林，许珊珊，杨浩. 实用性乡村规划的编制思路与实践 [J]. 规划师，2016，32（1）：119-125.

［60］陆学. 乡村振兴呼唤精准规划 .[EB/OL]2019-02-15

［61］王凤，吴渊. 新常态背景下村庄存量规划的思考：以绍兴市柯桥区棠棣村农房改造建设示范村规划为例 [J]. 小城镇建设，2017（9）：55-60.

［62］曹昌智，姜学东，吴春，等. 黔东南州传统村落保护发展战略规划研究 [M]. 北京：中国建筑工业出版社，2018.

［63］刘宏燕，康国定."城乡统筹理念"指导下各层次规划编制重点浅析 [C]// 中国科协年会论文集，2010.

［64］杨小军. 中国共产党统筹城乡发展的基本经验 [J]. 经济与社会发展，2011（6）：9-12.

［65］中华人民共和国住房和城乡建设部. 住房城乡建设部关于改革创新、全面有效推进乡村规划工作的指导意见 [J]. 小城镇建设，2016（6）：23-25.

［66］张维宸，密士文."多规合一"历程回顾与思考 [J]. 中国经贸导刊，2017（23）：69-72.

［67］中华人民共和国住房和城乡建设部办公厅. 住房城乡建设部办公厅关于开展 2016 年县（市）域乡村建设规划和村庄规划试点工作的通知 [S]. 2016.

［68］马士光. 城乡规划与城乡统筹发展探讨 [J]. 城市建筑，2016（5）：63.

［69］陈安华，周琳. 县域乡村建设规划影响下的乡村规划变革：以德清县县域乡村建设规划为例 [J]. 小城镇建设，2016（6）：26-32.

［70］城镇体系规划编制审批办法 [J]. 城乡建设，1994（10）：4-5.

［71］郑文良. 全国乡村城市化试点（部分）工作座谈会在重庆市大足县召开 [J]. 城市规划通讯，2000（23）：2.

［72］姜洪庆. 经济结构战略性调整中的城镇体系规划：对广东市（县）域城镇体系规划编制的思考 [J]. 城市规划，2001（7）：33-36.

［73］刘和涛. 县域村镇体系规划统筹下"多规合一"研究：以商城县为例 [D]. 武汉：华中师范大学，2015.

［74］中华人民共和国住房和城乡建设部. 住房和城乡建设部文件新村 [2010]184 号镇（乡）域规划导则（试行）[S]. 2010.

［75］中华人民共和国住房和城乡建设部. 住房城乡建设部关于做好 2014 年村庄规划、镇规划和县域村镇体系规划试点工作的通知 [S]. 2014.

［76］何丹. 中国法治化进程中的城市规划管理 [J]. 2001(03)：15-18.

［77］中华人民共和国住房和城乡建设部. 镇（乡）域规划导则（试行）[S]. 2010.

［78］宁启蒙. 基于城乡统筹的县域村镇体系规划编制研究 [D]. 长沙：湖南大学，2010.

［79］王梅莹. 潞城市中心村规划的模式选择 [J]. 山西建筑，2015（5）：16-17.

［80］刘珍. 面向村民的村庄规划编制模式研究 [D]. 南宁：广西大学，2015.

［81］孙莹，张尚武. 我国乡村规划研究评述与展望 [J]. 城市规划学刊，2017（4）：74-80.

［82］叶敬忠，张明皓，豆书龙. 乡村振兴：谁在谈，谈什么？[J]. 中国农业大学学报：社会科学版，2018（3）：5-14.

［83］陈垚. 新农村建设背景下的村庄整治研究 [D]. 兰州：兰州大学，2008.

［84］黄经南，陈舒怡，王存颂，张媛媛. 从"光辉城市"到"美丽乡村"：荷兰 Bijlmermeer 住区兴衰对我国新农村规划的启示 [J]. 国际城市规划，2017（1）：116-122.

［85］胡守庚，吴思，刘彦随．乡村振兴规划体系与关键技术初探 [J]．地理研究，2019（3）：550-562．

［86］章胜，邱涛．试论农民问题与现代化 [J]．安康学院学报，2004，16（1）：32．

［87］吴丰华．中国近代以来城乡关系变迁轨迹与变迁机理（1840—2012）[D]．西安：西北大学，2013．

［88］夏如冰．清末的农政机构与农业政策 [J]．南京农业大学学报（社会科学版），2002，2（3）：44．

［89］王萍．北洋政府时期的农业政策 [D]．济南：山东大学，2005．

［90］夏如冰．北洋政府时期的农政机构与农业政策（1912—1928 年）[J]．南京农业大学学报（社会科学版），2003，3（3）：90．

［91］刘潇．民国时期万国鼎农村土地经济思想研究 [D]．郑州：郑州大学，2016．

［92］赵泉民．论清末农业政策的近代化趋向 [J]．文史哲，2003（4）：41．

［93］周建波，都田秀佳．万国鼎的土地经济思想：基于民国时期农村土地问题的讨论 [J]．学习与探索，2018（11）：133．

［94］卢惠．建国初期的土地改革运动研究综述 [J]．宜宾学院学报，2009，9（10）：12．

［95］李竞一．临颍县土地改革研究（1949—1952）[D]．开封：河南大学，2015．

［96］王栎曦．对社会主义"三大改造"必要性的思考 [J]．法制与社会，2018，20（7）：103．

［97］吴晓林．1958—1978 年间中国政治整合研究：背景、过程与教训 [J]．南京农业大学学报（社会科学版），2010，10（1）：91．

［98］周健．社会主义改造时期中国共产党农村土地政策研究 [D]．南宁：广西大学，2013．

［99］唐喜政．人民公社时期党的农村政策的经验与启示 [J]．安徽农业科学，2013，41（9）：4154．

［100］李达，王俊程．中国乡村治理变迁格局与未来走向：1978—2017[J]．重庆社会科学，2018（2）：5．

［101］魏书威，郭昳岚，卫天杰，等．绿洲乡村地名文化景观的分布特征、成因分析及现实启示：以民勤绿洲为例 [J]．新疆师范大学学报（自然科学版），2021，40（2）：22-28．

［102］魏书威，张新华，卢君君，等．存量空间更新专项规划的编制框架及技术对策 [J]．规划师，2021,37(24)：28-33．

［103］魏书威，卢君君，陈恺悦，等．近代以来中国乡村地域管理顶层设计的制度模式与历史变迁 [J]．西北师范大学学报（自然科学版），2020，56（5）：125

［104］魏书威，王阳，陈恺悦，等．改革开放以来我国乡村体系规划的演进特征与启示 [J]．规划师，2019，35（16）：56-61．

［105］许远旺，卢璐．中国乡村共同体的历史变迁与现实走向 [J]．西北农林科技大学学报（社会科学版），2015（2）：127．

［106］李晓盼．岷县西南山区乡土聚落营建智慧研究 [D]．西安建筑科技大学，2016．

［107］吴莉娅．新乡贤在乡村振兴中的作用机制研究 [J]．中国特色社会主义研究，2018（6）：86-90．

［108］梅耀林，许珊珊，杨浩．实用性乡村规划的编制思路与实践 [J]．规划师，2016，32（1）：119-125．

［109］屠爽爽，龙花楼．中国乡村重构：理论、方法和研究展望（英文）[J]．Journal of Geographical Sciences，2017（10）．

［110］Woods M. Rural[M]. Routledge, 2010.

［111］Dent D, Dubois O, Dalal-Clayton B. Rural planning in developing countries: supporting natural resource management and sustainable livelihoods[M]. Routledge, 2013.

［112］Gallent N, Juntti M, Kidd S, et al. Introduction to rural planning: economies, communities and landscapes[M]. Routledge, 2008.

[113] Gallent N, Juntti M, Kidd S, et al. Introduction to rural planning: economies, communities and landscapes[M]. Routledge, 2008.

[114] The Routledge companion to rural planning[M]. London and New York: Routledge, 2019.

[115] Galston W A, Baehler K J. Rural development in the United States: Connecting theory, practice, and possibilities[M]. Island Press, PO Box 7, Dept. 2PR, Covelo, CA 95428, 1995.

[116] Van der Ploeg J D, Renting H, Brunori G, et al. Rural development: from practices and policies towards theory[M]//The Rural. Routledge, 2017: 201-218.

[117] Rural development and the construction of new markets[M]. Routledge, Taylor & Francis Group, 2015.

[118] Ilbery B. The geography of rural change[M]. Routledge, 2014.

[119] Luo J. Rural Long Tail Public Service and the Correction Mechanism[M]. Springer Singapore, 2021.

[120] Frank K I, Reiss S A. The rural planning perspective at an opportune time[J]. Journal of Planning Literature, 2014, 29(4): 386-402.

[121] Johansen P H, Chandler T L. Mechanisms of power in participatory rural planning[J]. Journal of Rural Studies, 2015, 40: 12-20.

[122] Yan L, Hong K, Chen K, et al. Benefit distribution of collectively-owned operating construction land entering the market in rural China: A multiple principal–agent theory-based analysis[J]. Habitat International, 2021, 109: 102328.

[123] Ye C, Ma X, Cai Y, et al. The countryside under multiple high-tension lines: A perspective on the rural construction of Heping Village, Shanghai[J]. Journal of Rural Studies, 2018, 62: 53-61.

[124] Cao Q, Sarker M N I, Sun J. Model of the influencing factors of the withdrawal from rural homesteads in China: Application of grounded theory method[J]. Land use policy, 2019, 85: 285-289.

[125] Burgos A L, Bocco G. Contributions to a theory of rural innovation[J]. Cuadernos de Economía, 2020, 39(79): 219-247.

[126] Tang Y, Mason R J, Sun P. Interest distribution in the process of coordination of urban and rural construction land in China[J]. Habitat International, 2012, 36(3): 388-395.

[127] Kamal E M, Flanagan R. Model of absorptive capacity and implementation of new technology for rural construction SMEs[C]//Australasian Journal of Construction Economics and Building-Conference Series. 2014, 2(2): 19-26.

[128] Sutherland D, McHenry-Sorber E, Willingham J N. Just Southern: Navigating the Social Construction of a Rural Community in the Press for Educational Equity[J]. The Rural Educator, 2022, 43(1): 37-53.

[129] Marsden T, Banks J, Renting H, et al. The road towards sustainable rural development: issues of theory, policy and research practice[J]. Journal of Environmental Policy & Planning, 2001, 3(2): 75-83.

[130] Liang S. Theory of Rural Construction[J]. Shanghai: Shanghai Century Publishing Group, 2006.

[131] Van Der Ploeg J D, Renting H. Impact and potential: a comparative review of European rural

development practices[J]. Sociologia ruralis, 2000, 40(4): 529-543.

[132] Rosset P M, Martínez-Torres M E. Rural social movements and agroecology: context, theory, and process[J]. Ecology and society, 2012, 17(3).

[133] Hibbard M, Frank K I. Notes for a substantive theory of rural planning: evidence from the US experience[J]. Planning Theory & Practice, 2019, 20(3): 339-357.

[134] Miller S. Class, power and social construction: issues of theory and application in thirty years of rural studies[J]. Sociologia Ruralis, 1996, 36(1): 93-116.

[135] Pant S, Taylor C, Steel B S. Policy process theory for rural policy[J]. The Routledge handbook of comparative rural policy, 2019: 89-104.

后 记

历经 20 年来的乡村规划实践尝试与理论探索，早有动笔著书的想法，但受制于认知水平和思考能力，始终未能如愿。2020 年初，随着国家建立国土空间规划体系和确立乡村振兴战略工作方案，笔者开始动笔撰写；伏案近 2 年，数次易稿，在规划变革和发展转型的双重环境下，最终勉强交稿。

在此过程中，得到了兰州新区、民勤县、延川县等相关地方规划部门的大力支持，书中不少思想和建议来自于这些地方的实践探索，吸收了当地领导、建设方以及村民群众的智慧。在此，一并表示感谢。而结合电视台的专题访谈、干训基地的授课交流、学术会议的报告探讨等，笔者的视野得以拓宽、感悟得以深化、思路得以打开，写作过程中的诸多疑惑逐步得到解决。本书的创作也得益于规划团队多年来的积淀，团队成员的不懈探索为书稿提供了思想源泉。

乡村规划方法与技术在几十年的规划实践中不断演进。本书所提出的思路仅是目前阶段的理论思考，且多是从规划实用的角度提出编制方法和技术对策；书中内容还有不少值得推敲之处，特别是对后城镇化时期的乡村建设变革、存量发展时代的乡村规划改革以及学科转型期的乡村规划理论体系重构等方面，本书涉及不多、思考尚浅。不足之处恳请读者雅正。

图书在版编目（CIP）数据

乡村振兴规划编制方法与技术——实施导向下的村庄
规划研究 = Compilation Method and Technology of
Rural Revitalization Planning —— Research on
Village Planning under the Guidance of
Implementation / 魏书威等著 . —北京：中国建筑工
业出版社，2022.8
　　ISBN 978-7-112-27510-6

　　Ⅰ.①乡… Ⅱ.①魏… Ⅲ.①乡村规划—研究—中国
Ⅳ.① TU982.29

中国版本图书馆CIP数据核字（2022）第100752号

责任编辑：张幼平　费海玲
责任校对：赵　菲

　　《乡村振兴规划编制方法与技术——实施导向下的村庄规划研究》以全面实施乡村振兴战略为指引，系统回顾了中国乡村规划编制历程，评价并检讨了乡村规划建设中的问题；而后，结合新型城镇化以及国土安全、生态安全、粮食安全等建设需求，从编制思路、规划方法、分类体系、技术路径、成果表达等方面进行了理论探索、经验总结和实证研究，阐明了"多规合一、实用性、简化表达"的新时代乡村规划编制新要求，建构了以实施为导向的乡村振兴规划编制技术体系。

　　本书可作为大专院校城乡规划、公共管理、农村发展、农业工程等相关专业的教材，也是乡村振兴规划领域的规划师、工程技术人员、乡村管理人员以及农民企业家的参考用书，还可作为新时代乡村振兴战略实施的培训教材。

　　国家自然科学基金资助项目（项目编号：52078405、51208244）。

乡村振兴规划编制方法与技术
——实施导向下的村庄规划研究

Compilation Method and Technology of Rural Revitalization Planning
——Research on Village Planning under the Guidance of Implementation

魏书威　卢君君　王　辉　陈恺悦　陆小钢　等　著

*

中国建筑工业出版社出版、发行（北京海淀三里河路9号）

各地新华书店、建筑书店经销

北京海视强森文化传媒有限公司制版

北京中科印刷有限公司印刷

*

开本：787毫米×1092毫米　1/16　印张：11$\frac{1}{4}$　字数：225千字

2022年8月第一版　2022年8月第一次印刷

定价：**48.00**元

ISBN 978-7-112-27510-6

　　（39638）